# 走近神奇的干细胞移植

龚业莉
编著

**干细胞**治疗是继药物治疗

手术治疗后的又一场**医疗革命**

它为多种难治性疾病的治疗带来了**希望**

## 内容简介

干细胞治疗是继药物治疗、手术治疗后的又一场医疗革命，它为多种难治性疾病的治疗带来了希望。本书是一本介绍干细胞移植相关知识的科普书，作者以事实为依据，以科学为准绳，用通俗、生动的语言将干细胞移植研究的发展历程、医学重大价值、应用现状等逐一向读者介绍。相信无论是医者还是普通读者，读后一定会获益匪浅。

**图书在版编目(CIP)数据**

走近神奇的干细胞移植/龚业莉编著. —西安:西安交通大学出版社,2014.5

ISBN 978-7-5605-6099-1

Ⅰ.①走… Ⅱ.①龚… Ⅲ.①干细胞移植 Ⅳ.①Q813.6

中国版本图书馆 CIP 数据核字(2014)第 053291 号

**书　　名** 走近神奇的干细胞移植
**编　　著** 龚业莉
**责任编辑** 吴　杰　崔　悦

**出版发行** 西安交通大学出版社
(西安市兴庆南路 10 号　邮政编码 710049)
**网　　址** http://www.xjtupress.com
**电　　话** (029)82668357　82667874(发行部)
(029)82668315　82669096(总编办)
**传　　真** (029)82668280
**印　　刷** 西安明瑞印务有限公司

**开　　本** 880mm×1230mm　1/32　**印张** 7　**字数** 147 千字
**版次印次** 2014 年 5 月第 1 版　2014 年 5 月第 1 次印刷
**书　　号** ISBN 978-7-5605-6099-1/Q·17
**定　　价** 23.00 元

读者购书、书店添货，如发现印装质量问题，请与本社发行中心联系、调换。
订购热线:(029)82665248　(029)82665249
投稿热线:(029)82665546
读者信箱:xjtumpress@163.com

# Sequence 序

干细胞，这个曾经令世人陌生而又莫测高深的名字，随着近二十年科技的飞速进步和普及，登上了神圣的大学讲坛，也成了街头巷尾人们热议的话题。

20 世纪中期，科学家们在理论上探讨干细胞的存在，在实验研究中发掘干细胞的生物学特征。而到了 20 世纪末期，有关干细胞的研究，逐渐走出生物学殿堂，迈进医学门槛，为人类健康、生产发展作出了前所未有的贡献。

进入 21 世纪，有关干细胞理论和实践研究正以澎湃之势汹涌而来。可以毫不夸张地说，干细胞工程将书写 21 世纪生物学领域最辉煌灿烂的一页。

本书从继往开来的角度，介绍了细胞及细胞学的发生发展的历史，生动地讲述了干细胞的过去和现在，并展望未来，以事实为依据，以科学为准绳，全面科学地介绍了干细胞研究的理论意义和实践运用的重大价值。无论是专业学者还是普通读者，读后一定会获益匪浅，回味无穷。

干细胞研究和移植是一项严肃的科学系统工程。它的出现为许多过去不治的白血病、恶性肿瘤、遗传性疾病及免疫性疾病开创了治愈的可能性，使众多生命垂危的患者有望获得生命第二春。但是干细胞移植毕竟是一门新兴的学科，除了涉及医学科学外，还涉及社会学、伦理学等诸多问题，还有待进一步深入研究。“干细胞还你健康肝脏”“干细胞再造强劲的心脏”这些都是人们美好的愿望和期盼。从发展的眼光来看,这些愿望在理论上并无不可逾越的障碍。但是,要从一个单一的干细胞,创造出繁复无比的组织和器官,还有很长很长的路要走。

“路漫漫其修远兮,吾将上下而求索。”

干细胞移植探索意义深远,道路曲折,前程无量!

华中科技大学同济医学院附属协和医院　宋善俊

2013 年 10月

Foreword

# 前 言

在攻读博士研究生的几年时间里，虽然夜以继日在实验室忙碌，仍抽空完成了这本科普读物。产生写作冲动始于看望一名重症患者归来之后。这名患者因意外伤害造成脊髓损伤瘫痪在床，后来经过细胞移植治疗以后病情明显好转。令人感慨的是，这种病放在以前根本无法医治，等于判了死刑。随着科学迅猛发展，医疗技术水平也在飞速提高，不治之症有了救治办法，这是多么振奋人心的事啊！干细胞的作用实在太神奇了！遗憾的是，由于干细胞技术的某些环节还没有完全过关，将其大规模用于临床治疗尚需时日。

不知现代人享受先进医疗条件带来的种种好处时，是否会想到在科学发展背后有多少人付出了艰辛的劳动！声名显赫及成果斐然的科学家只是少数，更多人拼命工作了一辈子名不见经传。我的导师、师兄师姐们就是这样的一群人，为了完成课题项目绞尽脑汁、寝食难安仍不屈不挠摸索前行。没有花前月下，没有休闲娱乐，甚至没有时间与家人团聚。无怨无悔地把人生最美好的年华献给了繁复枯燥的科研事业。吾谨以此书向奋斗在一线科研岗位上的劳动者们致敬。

科学的发展进程是科学家和无数科学工作者倾力创造的奇迹。这一观点通过纵观干细胞研究史可以得到证实。

最初，干细胞以能产生子代细胞的原始细胞出现在19世纪60年代的生物学教科书中，当时很少有人关注它的存在。现如今干细胞一跃而成为家喻户晓的"明星"，成为人们战胜病魔的新希望。干细胞能有今天的骄人业绩皆归功于科学家的两项重大技术发明。

首先是1998年底美国科学家从流产胎儿的囊胚中成功分离出胚胎干细胞，建立了细胞系。由于胚胎干细胞可以定向形成各种组织细胞，取代因疾病或衰老被损伤的组织细胞，因此给人们带来健康长寿的无限遐想。很快干细胞便声名鹊起，研究它的热潮席卷全球。

然后是1999年科学家发现成体干细胞并证明它们具有横向分化潜能。譬如脊髓中的造血干细胞不仅可以分化为各种血液细胞，在适当条件下还可以分化为神经细胞、肌肉细胞、肝细胞、表皮细胞等。如果将患者体内的成体干细胞提取出来，体外诱导为治疗疾病需要的功能细胞再进行回输，无疑具有重要的临床治疗价值。对于解决人类面临的诸多医学难题如心血管疾病、自身免疫病、癌症、帕金森病、老年性痴呆症、脊髓损伤等提供了新的有效途径。

以上两项干细胞研究的重大突破如同电光火石划过长空，为生命科学领域带来了划时代巨变。专家预言：以干细胞为主的医疗技术将彻底改变传统的医疗模式，为临床疾病的治愈带来革命性变化。吾谨以此书向作出巨大贡献的科学家们致以崇高敬礼。

在此不能不提到在科研中伴随我们左右的一群特殊贡献者——实验动物。可以说它们对科学的贡献功不可没。每次看到活蹦乱跳的小精灵在试验中一批又一批惨烈死去，心底总是塞满哀怜。吾谨以此书纪念那些为科学牺牲的动物们。

本书以通俗生动的语言将干细胞的基本知识、干细胞与人类疾病的关系、干细胞的研究历程以及研究干细胞科学家的轶闻趣事向读者娓娓道来，并力求使读物的知识性与可读性并重，科学性与趣味性并行。如果读者阅读之后搞清楚了干细胞的来龙去脉，激发起对这一新鲜事物的兴趣，进而更加理解、关心和支持干细胞研究，笔者将十分欣慰。

由于时间仓促，水平有限，本书存在一些偏颇不妥之处在所难免。敬请读者不吝赐教并给予谅解。

此书在编写过程中得到胡兴寿、梁勋厂两位老前辈的悉心指点，得到出版社编辑的大力帮助。没有他们的支持和援助这本书不可能顺利出版。在此向他们表示衷心感谢。

龚业莉

2013 年 6 月于江汉大学

**龚业莉　医学博士　讲师**

作为一名85后的医学女博士，除了天天在实验室里对着小白鼠与人类细胞，努力地研究着疾病背后的种种机理与假说。

剩下的时间，满脑子就在琢磨如何将我费老大的劲弄明白的那些生物医学知识，用最通俗、最生动的语言介绍给所有热爱医学、急需了解最新医学信息的人们。

您是否想要了解：

干细胞是啥？

频繁见诸于媒体的“捐献骨髓”究竟是怎么回事？

我愿意捐献骨髓，挽救生命，我该怎么做？

“克隆人”为啥被叫停？

干细胞美容靠谱不？

干细胞能治疗哪些病？

……

当然，除了这些，您还可以从本书中了解更多。

Contents

# 目录

## 第一部分　干细胞基础知识

## 第三部分　造血干细胞的临床应用



## 第四部分　神经干细胞研究

# 第一部分 干细胞基础知识

## 神奇的干细胞移植术

曾经有一位因脊髓受伤而高位截瘫的患者，在日复一日的病痛折磨下受尽煎熬，后来是干细胞救了她，使她重新站起来，过上正常人的生活。她叫马琳，是一所精神病医院的医生。下面，让我们一起来听一听她的故事。

一天夜晚，故事的主人公马琳在住院部病房值班。她博士毕业后来到这家医院工作快五年了。这天晚上她整理完一摞病历后，感觉有些困乏，便推开办公室的门，信步走到阳台上，伏在栏杆上休息。

夜色真美！又大又圆的月亮挂在天上，患者们都休息了，四周一片寂静，微风中飘来花草的香气。

突然，她感觉身后有些异动，回头一看，不觉倒吸一口凉气，住在30床的患者不知什么时候站在自己身后。

该患者是个40多岁的男人,长得高大健硕,患严重狂躁型精神分裂症已多年。来这里住院一个月了,病情时好时坏。

“你来干什么?”马琳下意识地喝问道。

患者没有反应,怔怔地站在那里。

马琳举起手来,指着病房方向,厉声说:“快回病房去!”

患者似乎有些害怕,后退了一步。猛然,他一个箭步冲向前,把马琳举过头顶,向阳台外摔了出去......

马琳苏醒过来的时候,已经躺在医院病床上了。脖子以下的身体好像不是自己的,完全不能动弹。呼吸困难,头痛欲裂,还发着高烧。

医生诊断:颈椎3～7椎体粉碎性骨折,高位截瘫。

头发花白的父母在医院走廊里嚎啕痛哭,一岁多的女儿伸出手臂,哭喊着:“妈妈抱! 妈妈抱!”而她最亲爱的丈夫,只来看过一次,就再也不露面了。

身为医生的马琳心里很清楚,脊髓神经一旦受伤,就再也不能复原。尽管医院为了抢救她不惜代价,但是一切医疗手段只能维持生命,让她活着而已,未来看不到任何希望。

马琳用微弱的声音对医生说:“我……想……死,让……我……死。”

医生低下头,悄悄地离开病房,她能理解患者的心情,但是却无能为力。

可怜的马琳,在生不如死的痛苦中煎熬着……

亲朋好友闻讯来看望她,其中有个大学同学毕业以后一直从事干细胞研究工作,他所在的医院曾经收治过类似患者,但没有见过像马琳这样严重的脊髓外伤。他建议马琳用干细胞移植方法试一试。虽然这项治疗刚刚开展不久,各项技术不是很成熟，但是除了这条路可能会有一线希望外，还能有什么更好的办法呢？

马琳决定试一试。于是她转院到武警医院神经干细胞移植科。为了争取手术的最佳治疗时机，当天晚上马琳就被推入手术室，接受脊椎修补和神经干细胞植入手术。医生们用一种特殊的生物材料修补破碎的椎管，然后在损坏的椎管区域内，植入四个单位的神经干细胞。

手术后，马琳的身体一天天发生变化。两周后，肋弓以上的身体有了痛觉，术后44天，上肢肌肉逐渐有力，左手腕可以握住水杯。

3个月以后，实施了第二个疗程的干细胞移植术。术后不久，右上肢可以抬起了，左上肢则基本恢复了功能。更令人惊喜的是，在托马斯支架的帮助下，马琳可以站立一个多小时。医生们认为，继续采用综合治疗并且综合应用其他医疗手段，患者有望恢复行走功能。

如今的马琳重拾生活信心。她庆幸自己在绝境中遇到了天降神兵——神经干细胞，让她捡回一条命。她只有一个愿望：尽快恢复健康，重返工作岗位，用自己的医术帮助更多需要帮助的人。

什么是干细胞呢？干细胞移植技术为何能如此神奇地让一个被医疗界判为绝症的“断颈人”重新站了起来？亲爱的读者朋友，你想知道答案吗？如果你愿意，让我们一起走进干细胞移植这座广博神圣的科学殿堂，共同来探索干细胞的奥秘吧！

## 生命的基本单位——细胞

大千世界，生物种类繁多，其形态各异，生活习性也千差万

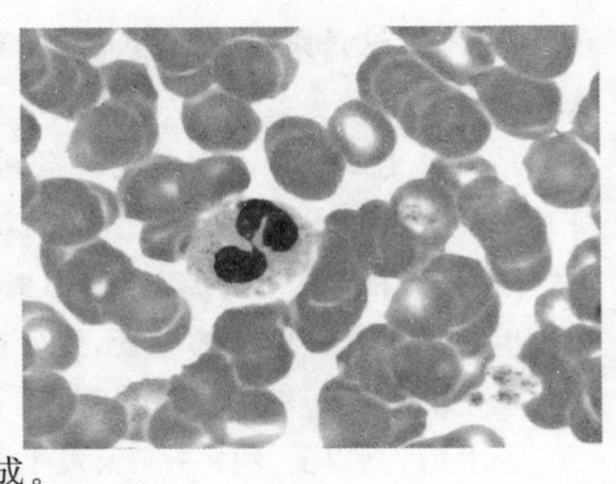

别。但是,它们都由一个共同的基本结构单位细胞所组成。所有的生物学答案最终都要到细胞中去寻找。最简单的生物(如变形虫)由一个细胞构成,而复杂的高等生物(如人类)则由大约1万亿个细胞构成。

不同生物体的细胞大小相差很大,大多数细胞很小,只能借助光学显微镜才能看到,但某些细胞就较大,如鸡的卵细胞就很大,肉眼就能看到,鸡蛋的蛋黄就是一个卵细胞。世界上最大的细胞是鸵鸟的卵细胞,直径可达5厘米。已知现存最小的细胞是支原菌,其直径约0.1微米,需用电子显微镜才能看到。

有趣的是,细胞大小与生物体的体积并无必然联系。鲸是世界上最大的动物,但鲸的细胞并不大。大象和小鼠的体型相差十分悬殊,而它们的细胞大小却相差无几。人与牛、马和小鼠的细胞如血红细胞大小就几乎相同。区别在于其拥有的细胞数量大不相同。也就是说生物体积大,主要是细胞数量增多,而不是细胞体积增大。生物个体越大,细胞的数量就越多。

在生物体内,形态和功能相同的细胞集合在一起形成组织;不同的组织又构成具有某一功能的器官;各种器官进一步组成完整的机体。生物体虽然复杂,但是,每一个组成部分都能够紧密协作,像一台日夜运转的机器上的零件,井然有序而又准确无误地执行着各种功能,奏出生命活动美妙的"交响曲"。

那么,生物体的基本结构单位细胞具有什么样的结构呢?

细胞分为三部分:细胞膜、细胞质和细胞核。

**细胞膜**主要由蛋白质、脂类和糖类构成。它像一个国家的海关一样，严格控制各种“物质”进出。选择性地从外界摄取养料，同时不停地排泄代谢废物。细胞膜将细胞内液和细胞外液分开，维持细胞内部的稳定性和生命基本活动。

**细胞质**像鸡蛋的蛋清那样充满整个细胞膜，其主要成分是水、蛋白质、核糖核酸、酶以及各种细胞器（如线粒体、内质网、溶酶体）等。细胞质担负着物质的运输和合成，在细胞分裂繁殖中起重要作用。

**细胞核**位于细胞中央，是调控细胞活动的指挥中心，也是遗传信息贮存、复制和表达的场所。它具有神奇的魔力，掌管着细胞的生长发育、遗传变异和生老病死。细胞核内有核仁和染色体，其中染色体是细胞核的重要成分，染色体中的 DNA 能够以自身为模板进行复制，当细胞分裂时，子代的两个细胞便得到与亲代完全相同的遗传物质。

细胞的世界丰富多彩，奇妙无比。在我们人体内，红细胞状如飞碟，可以携带氧气和二氧化碳；白细胞表面有无数似章鱼样的触手，具有强大吞噬异物的能力；肌肉细胞形如纺锤，充满收缩力量；神经细胞像大树的枝杈，伸进机体的每一处角落传递信息；精子细胞呈蝌蚪状，上面布满鞭毛可以快速游动；而小肠细胞表面则长满了密集的绒毛，不仅可以增加营养物质的吸收面积，还可以通过绒毛的伸缩和摆动对吸收物质起搅拌作用……人体 200 多种细胞虽然形态、功能各异，但它们彼此相连，互相协作，使机体活动复杂而有序。如果把机体看成是一栋楼房，那么细胞就是构成这座楼房的一块块砖瓦；如果把机体看成一条小溪，那么细胞就是这溪水里的一个个水分子。

## 走进细胞王国

绝大多数的细胞是那么微小，我们用肉眼根本就看不到，因此必须借助显微镜。可以说人类发现细胞与显微镜的发明是分不开的。

最早发现细胞的人是英国人胡克，1665 年，胡克将栎树皮切成薄片，放在他自制的显微镜下观察，他发现栎树皮由许多蜂窝状的小室构成。他将这些小室称为细胞。实际上他看到的是细胞死亡后留下的细胞壁。这是人类第一次发现细胞。胡克的这台显微镜，引领人类第一次走进了细胞这个微观世界。在胡克发现细胞以后的 170 多年里，先后有许多学者观察到了动物和植物的细胞。

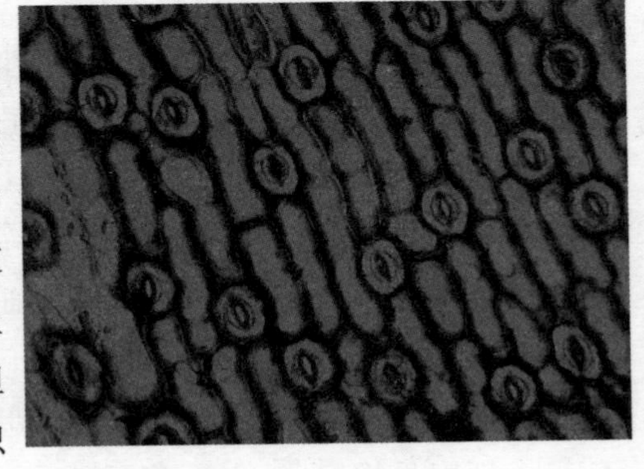

荷兰学者列文虎克在观察鱼的红细胞时描述了细胞核的结构。与此同时，英国植物学家布朗在兰科植物叶片上也观察到了细胞核。但当时人们对细胞的认识以及它与机体的关系还没有清晰的概念，也不可能进行科学的总结，使其上升到一定的理论高度。

细胞学说最终由德国植物学家施莱登(1804—1881)和动物学家施旺(1810—1882)二人完成。

施莱登生于汉堡的一个医生家庭。他早年学的是法律，在汉堡做过一段时间律师，因为对植物学有浓厚的兴趣而改行从事植物学研究。

当时植物学界流行形态学分类研究，学者们忙于给植物分类，而施莱登却热衷于在显微镜下观察植物的结构。1838 年，他发表了他的观察研究结果《植物发生论》。在论文中他指出：细胞是构成植物的基本单位，低等植物由单个细胞构成，而高等植物则由许多细胞组成。

在一次聚会上，施莱登把自己的想法，告诉了一起工作的施旺，引起了施旺的兴趣。

施旺是一位医学博士，在著名生理学家米勒的实验室做研究工作。施莱登的话启发了施旺，使他猛然意识到，在观察蝌蚪的时候，他也曾见过细胞膜、细胞质和细胞核的结构。他想，施莱登在植物体内看到的细胞，是否也存在于动物体内呢？

为了证实这个猜测，施旺开始做大量的实验，他找来动物的上皮、蹄、羽毛、肌肉和神经组织等，在显微镜下一一观察，结果发现，这些动物的组织中都能观察到细胞结构。1939 年，施旺发表了《动植物的结构和生长的一致性的显微研究》的论文，指出：一切植物和动物组织无论彼此如何不同，都是由细胞发育而来或者是由细胞分化的产物。这就是著名的“细胞学说”。

在今天看来，细胞学说只是一般性常识，而在 19 世纪中叶却具有划时代的意义。恩格斯把细胞学说、能量守恒定律和达尔文的进化论并列为 19 世纪的三大发明。

从 19 世纪下半叶起，细胞研究进入蓬勃发展的繁荣时期。这一时期发现了许多细胞的精细结构，如线粒体、中心体、高尔基体等；发现了细胞的分裂方式；还提出了细胞原生质理论。

20 世纪以后，细胞学逐渐进入新的发展时期。细胞学的发展与电子显微镜的应用是分不开的，其次超薄切片等技术的发明也助了一臂之力。人类依靠放大一万倍的高分辨率电子显微镜,发现了许多在普通显微镜下看不见的细胞结构。同时解决了许多有争议的问题。例如,施莱登曾认为细胞繁殖的时侯,新生细胞是从老细胞的核中长出的,通过老细胞崩裂完成新老细胞的传代,这种看法到1984年被新的研究修正。正确的阐述应该是细胞的繁殖通过某种形式的“分裂”而完成。

由于细胞是生命的基本单位,一切生命现象都要从细胞中获得答案,因此细胞的发现和细胞学说的建立是一个里程碑,为此后一系列相关学科的建立开辟了道路。

## 干细胞的本领

**干细胞**是指那些具有自我更新和分化潜能的细胞群体,在一定条件下,它可以分化成多种功能细胞。

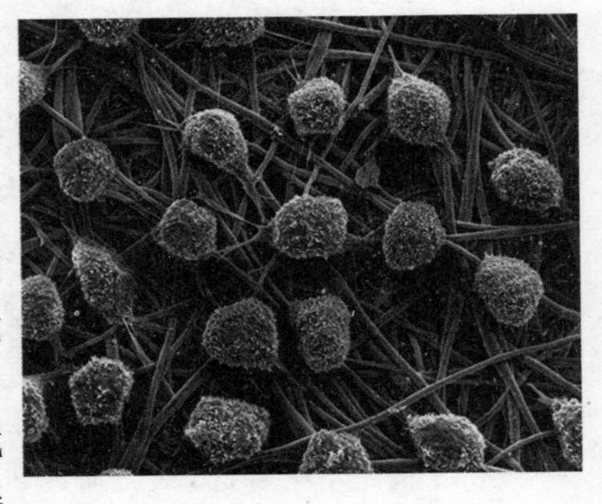

干细胞的“干”是从英文单词“stem”意译而来,是“茎干”“起源”的意思。严格说来,它是一类尚未分化发育的原始细胞,既可以通过细胞分裂的方式维持自身新陈代谢功能,又可以进一步分化,构成机体各种类型的组织和器官。就像插进土壤里的一根柳条那样不断成长,直到长成一棵生机盎然的大树。

干细胞的自我更新能力表现在什么地方呢?大家都知道,人体每天都会有大量的细胞衰老死亡,以血液细胞为例,红细胞存活的时间大约是120天,血小板存活的时间大约9.6天,而中性粒细胞存活的时间只有36小时。因此,必须有各种新生的细胞及时补充,才能维持细胞数量平衡和机体的正常功能。这些成熟的血细胞来自于始祖细胞——造血干细胞。造血干细胞不断为人体补充红细胞、白细胞和血小板等。一天没有造血干细胞,机体就一天不能生存。

干细胞还具有分化潜能。它能分化成人体220种不同类型的细胞。一般情况下,干细胞处于休眠状态,增殖速度很慢。当受到刺激时会加快分裂速度,迅速在组织内扩增。

干细胞分裂有两种方式:对称分裂和非对称分裂。对称分裂是细胞一分为二,把遗传物质平均分配给两个子细胞。而非对称分裂是指细胞分裂成为一个子细胞和一个功能细胞。子细胞保留亲代细胞的特征,仍然作为干细胞保留下来,维持干细胞库的稳定。另一个子细胞变成功能细胞,完成各种职能,比如心肌细胞执行心脏功能,上皮细胞维持皮肤功能等。

非对称分裂是体内干细胞分裂的主要方式。只有这种分裂方式,机体才能做到始终为自己保留一部分未分化的细胞,一旦生理需要,机体立即"命令"干细胞分裂,就像孙悟空拔出汗毛一吹,变出许多小猴子一样。干细胞一个变两个,两个变四个……迅速为机体补充新生力量。通过分裂产生的子细胞又重新开始新的生活周期。生命就是这样生生不息,周而复始地延续。

由于干细胞是"全能"细胞,具有分化为机体几乎全部组织和器官的潜能,因此吸引了全世界科学家的目光。研究干细胞的热潮一浪高过一浪。

有人预言:如果说20世纪是药物治疗时代的话,21世纪就将是细胞治疗的时代。如果把干细胞提取出来,在体外分化成人们需要的任何一种组织和器官，将给人类带来巨大的好处。它可以取代患者体内坏损的组织器官。治疗到目前为止临床上还找不到理想治疗办法的顽症，如老年性痴呆、帕金森病、糖尿病、肝硬化、心脑血管病、恶性肿瘤等，甚至还可再造年轻的器官，实现人类长生不老的梦想。

## 干细胞的“家族成员”

干细胞分类有两种方法。

**1. 按照分化潜能分类**

干细胞的“家族成员”按照分化潜能可以分为三类。它们分别是全能干细胞、多能干细胞和专能干细胞。

**全能干细胞** 所谓全能干细胞就是具有形成完整个体能力的细胞。人类受精卵就是最初始的全能干细胞，把这种全能干细胞放在子宫里，是可以发育为胎儿的。

理论上一个人类受精卵可以产生 16 到 32 个全能干细胞，也就是说，可以发育成 16 到 32 个胎儿。这对于某些动物可能能做到，但是人类不行。人体的子宫可容纳不了这么多胎儿，人类的生理机制一般只促使形成一次一胎。

**多能干细胞** 全能干细胞继续分化下去就形成多能干细胞。多能干细胞具有分化成多种细胞的能力，比如造血干细胞就是一种多能干细胞，它可以分化出白细胞、红细胞、血小板等 12 种血细胞。多能干细胞还可以分化成造血系统以外的其他细胞，但分化潜能却没有全能干细胞那么大。

**专能干细胞** 专能干细胞则由多能干细胞进一步分化而来。专能干细胞只能向一种类型或者与之密切相关的那种类型的细胞分化，如皮肤的上皮细胞，肌肉中的成肌细胞等。专能干细胞是分化的终端细胞，只能完成专门的生理功能，并且逐渐衰老死亡，然后由新的细胞进行补充。

**2. 按照细胞来源分类**

干细胞家族还有另外一种分类方法，它按照细胞来源分为两种：胚胎干细胞和成体干细胞。

**胚胎干细胞**　胚胎干细胞存在于胚胎组织中，从精子与卵子结合成为一个受精卵的时候起，胚胎干细胞就产生了。受精卵经过5～7天发育后，形成囊胚。囊胚的外表由一层致密的扁平细胞组成，它将发育成胎盘，而囊胚的中心是一个空腔，腔内有一团细胞，我们称它为“内细胞团”。

内细胞团里的细胞就是胚胎干细胞。内细胞团继续发育下去，可分化为内胚层、中胚层和外胚层三层。外胚层形成皮肤、眼睛和神经系统；中胚层形成血液、心脏和肌肉等；内胚层则分化为肝、肺和肠等。由此可见，胚胎干细胞具有分化为3个胚层在内的所有组织细胞的能力。

最早观察受精卵发育的是19世纪末的胚胎学家。开始，胚胎学家们研究哺乳动物的胚胎发育，结果失败了。因为哺乳动物的受精卵很容易死亡。后来胚胎学家把研究方向转向冷血动物(蛇、蟾蜍和蝾螈)却获得了成功。冷血动物的卵较大，产卵量多，胚胎容易在体外条件下发育，可清楚地观察到胚胎变化的全过程。

实验过程非常有趣。胚胎学家从幼儿头上拔下一根头发，做成发圈，套在蝾螈的胚胎上，缓慢地拉紧，试图把胚胎分为两半。没想到第一次并没有将胚胎完全分开，最后胚胎发育成一个双头怪胎。第二次将胚胎切成两半以后，发育成两个完整的蝾螈，这个实验证明：每一个胚胎干细胞都能发育成完整的个体。

**成体干细胞**　什么是成体干细胞呢？成体干细胞存在于成年动物的各种组织器官中，它的“工作”是更新死亡的细胞，维持组织器官结构和功能的完整性。在病理或损伤的情况下，成体干细胞向损伤的部位移动，通过增殖分化长出新的细胞，修复组织损伤。

在自然界里，我们常常可以看到蜥蜴的尾巴断了，可以重新长出来，蝾螈的四肢缺损也可以死而复生，至于水蛭更是“技高一筹”了，即使将它碎尸万段，每一段碎片都可以形成新的个体。生物的这种能力就来源于成体干细胞。

人类也有这种能力。人体的皮肤受到一定损伤，可以自行修复。把人的肝脏切除一半，不久也可以恢复，但是人体的再生能力很有限，一旦手足缺如或者内脏器官严重受损是无法再生的。但是今天的人类借助干细胞，重新拥有了强大的“再生”能力。用干细胞重塑组织器官，连生物界的再生高手也要甘拜下风、自叹不如了。

在干细胞家族里，如果把成体干细胞比喻成有一技之长的“专门人才”，那么胚胎干细胞就是刚出生的“婴儿”。虽然什么都不会。未来却有无限可能。长大后具体成为哪方面的“人才”，完全取决于身体的需要，或者看科学家从哪方面对其进行培养了。

## 干细胞的开发价值

胚胎干细胞的应用范围十分广泛，几乎涉及生命科学和生物医药的各个方面。被推举为 21 世纪最令人瞩目的科研领域之一。

首先，胚胎干细胞可以用于胚胎发育的研究。在哺乳动物中，由于胚胎在子宫内发育，细胞小且数量少，因此很难动态观察早期胚胎的变化，也无法确切了解出生缺陷、不育、流产等发生的真正原因。现在，把胚胎干细胞放到体外培养，为细胞分化及分化调控因子之间的相互作用提供了相对单纯的反应环境，弥补了完整人胚中不能进行直接研究的缺憾。

其次，胚胎干细胞与基因打靶技术结合，可以完成对细胞进行遗传学改造的工程。具体操作是：把外源基因导入胚胎干细胞的某一特定部位，使两者基因发生重组，利用显微注射技术把修饰后的胚胎干细胞注入胚胎中，最终可以获得带有特定基因的实验动物。科学界把这些实验动物称之为动物模型。可别小看了动物模型的构建，它们对于研究生物的基因功能以及探讨疾病的发生机制是非常重要的。

还有，新药用于人体前，往往需要在动物身上检测药效和安全性。但是，动物和人的解剖结构、生理功能等方面有很大差别，因此动物试验结果不一定能够准确客观预测药物的作用。利用体外培养的人体细胞来试药也有弊端，体外细胞毕竟不能等同于体内细胞，同样难以评判药物的真正效应。随着对胚胎干细胞的认识逐步深刻，人们终于发现，胚胎干细胞诱导分化形成的细胞类型最接近体内细胞，最能模仿机体组织器官对药物的反应。用它作试药模型最合适，不仅更安全和更经济，还可以提高药物筛查的可信度。

更有意义的是，由于胚胎干细胞可以发育为机体所有类型的细胞，因此它可能成为细胞替代和器官移植的最佳来源。从理论上说，任何丧失正常细胞而引起的疾病，都可以用胚胎干细胞分化的产物来治疗。在缓解组织损伤造成的脊髓损伤、帕金森病、造血系统疾病、糖尿病等多种疾病中，胚胎干细胞独特的重要作用是其他细胞不可替代的。

到目前为止，胚胎干细胞的魅力尚未完全"显露"，但它的神奇力量在不久的将来定会不断展现出来。

## 建立胚胎干细胞系

干细胞是座未开采的"金矿"。现在的问题是如何才能把它挖掘出来让人类受益。

1962 年，科学家开始观察到兔子的胚胎干细胞有很强的分化能力，可以分化为肌肉、骨骼等多种组织。但由于胚胎干细胞在体外极易死亡，受技术条件限制，无法进行深入的研究。

第一位成功分离小鼠胚胎干细胞的科学家是马丁·埃文斯，这项开创性成果使他荣获了诺贝尔生理学或医学奖。

马丁·埃文斯将受精 2.5 天的小鼠卵巢切除，给予外源激素，使胚胎继续发育，但延缓着床。6 天后取出胚胎干细胞，放到培养皿底壁上，细胞在培养液中垂直向上生长，形成卵圆形柱状结构。在显微镜下，马丁·埃文斯用细玻璃针挑出这种柱状结构，分离形成单细胞后，进行传代。经多次传代培养直至成系。

用以上方法，马丁·埃文斯成功建立了小鼠胚胎干细胞系。在此以后各国学者沿着他的道路，相继建立了猪、牛、兔、山羊、鸡、猴、仓鼠等动物的胚胎干细胞系。

所谓建系，就是将干细胞进行传代培养。在特定的条件下，干细胞在体外无止境地复制，稳定传代。如果传 50 代以上，干细胞仍然保持增殖活性和正常核型，就表明建系成功。

2009年5月，中国复旦大学上海医学院的博士李平与美国南加州大学的研究人员合作，经过两年的艰苦攻关，在国际上首次成功地从大鼠胚胎中提取出胚胎干细胞，而且这种干细胞具有生殖能力，能够进行生殖传代实验。该研究成果刊登在国际顶尖学术刊物《细胞》杂志上。

这项成果的重要性表现在：尽管有许多科学家在各种动物中建立了胚胎干细胞系，但是缺少生殖传代的实验证据，也就是说没有把胚胎干细胞重新导入囊胚，生殖后代，因此很难确定他们获得的细胞是否是真正意义上的胚胎干细胞，而中国的科学家做到了。毋庸置疑，中国科学家在干细胞研究领域是有杰出贡献的。

## 詹姆斯·汤姆森博士的成就

从动物体内提取胚胎干细胞并成功建系，这只是万里长征走完了第一步。治疗人类疾病不能用动物的胚胎干细胞，只能用人的胚胎干细胞。因此，如何建立起人的胚胎干细胞系成为全世界科学家追逐的目标。

1998年11月，美国威斯康辛大学的科学家成功地从人类囊胚中分离出5个内细胞团，经过传代培养，建立了人的胚胎干细胞系。这一报道立刻在国际上引起轰动，全世界的目光因之聚焦在完成这项研究的詹姆斯·汤姆森博士身上。

詹姆斯·汤姆森博士是芝加哥奥克帕克人，其父亲是会计师。孩提时代的汤姆森就梦想成为一名科学家，尤其对一个小小细胞居然能够长成复杂的生物体之类问题着迷。

汤姆森虽然在大学工作却对教学没多大兴趣，而希望从事实验研究。为此他主动要求到学校灵长类动物实验室工作。他的实验室坐落在麦迪逊的一个偏僻的街区，是一幢粉红色的二层小楼。小楼的周围是一些低矮的公寓和装有护墙板的房间，小楼门上挂着“威斯康辛大学灵长类动物实验室”的牌子。

汤姆森的背有些驼，穿着很随便，身着一件皱巴巴的牛津布衬衫和一条卡其布裤子，下巴上总是留着没刮干净的胡茬，即使到美国参议院去办事也是这身装束。

汤姆森从早到晚在实验室里忙碌着。他和同事们一起，从灵长类动物猕猴的胚胎中提取了胚胎干细胞，开始的时候试验很不顺利，多次改变方法以后终于成功了。

在提取猕猴干细胞成功的基础上，用几乎同样的方法，汤姆森从一对接受不孕症治疗的夫妇那里得到了捐助的早期胚胎，并从中提取了胚胎干细胞，通过体外传代培养终于建立了细胞系。

汤姆森博士颇善于“缓解压力”。工作之余，他喜欢滑翔运动和旅游。坐在去郊外的长途汽车上，眯缝着眼睛，轻轻唱起那首《新奥尔良市》的歌曲，开心得像个孩子。

### 培养胚胎干细胞技术

现在，让我们看汤姆森博士在实验室里是怎样培养胚胎干细胞的。

首先，他用体外受精的方法获得受精卵，在受精卵发育到6天的时候，在电子显微镜下把囊胚中的干细胞分离出来，分离的时候需要剥开包裹在细胞外层的透明膜，取出裸胚，这个操作要求非常高，稍不小心会损伤细胞，影响细胞日后的存活。

然后，把取出的裸胚放到培养液里，让其悬浮在培养液中繁殖生长。培养液里有许多成分：有高含量的葡萄糖，为细胞的生长提供能量；还有一种叫做谷氨酰胺的物质，它是干细胞合成蛋白质与核酸必不可少的原料。由于胚胎干细胞处于分裂繁殖的旺盛时期，对营养的需求量很大，工作人员需要不断地向培养液中添加葡萄糖和谷氨酰胺，以及其他一些营养物质（如氨基酸、维生素、微量元素等），使细胞能够健康成长。

离体的胚胎干细胞通常表现得“娇气十足”，对各种不利因素非常敏感。因此，实验所用的一切材料、器皿，甚至周围的环境都要绝对洁净、无毒，无微生物污染。

细胞培养的最适温度是 36.5℃±0.5℃，偏离这一温度范围，细胞的正常代谢会受到影响。

氧气是细胞生长的必需条件之一，培养液内一定要时刻保持充足的氧气供应，才能使胚胎干细胞正常生长。同时细胞在生长过程中会不断排出代谢产物，生成乳酸和二氧化碳，这些代谢产物的堆积对细胞生长极为不利，必须及时予以清除。

胚胎干细胞的生长还需要一个特殊的环境，这个环境由细胞与蛋白质分子共同组成。科学家通常使用的办法是，在培养液中加入胎牛血清和经过处理失去分裂能力的单层细胞，这种单层细胞称之为“饲养层”。血清和饲养层中的“调控因子”是促进胚胎干细胞增殖不可缺少的条件。与培养普通细胞相比较，胚胎干细胞的确有些“难以伺候”。

是不是满足了以上这些条件，胚胎干细胞就能顺利生长呢？当然不仅仅如此。从第一次获得小鼠胚胎干细胞系到成功建立人的胚胎干细胞系，全世界那么多的科学家，花了整整 20 年的时间才办到，可见寻找合适的干细胞培养条件和方法是多么不易。

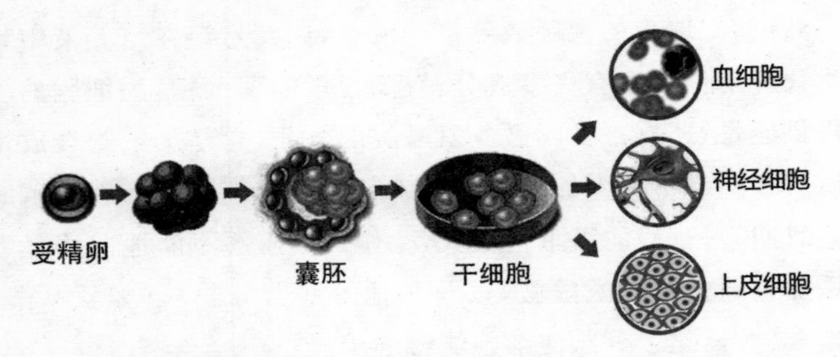


胚胎干细胞极易分化，它像一个特别顽皮的孩子，稍一不留神它就跑出去惹祸。胚胎干细胞非常容易转化为其他类型的细胞，由于这种转化是自然发生的、毫无秩序的，如果不加以控制，任其长成一团乱七八糟的混合物，对科学研究而言是毫无意义的。

采取什么方法能够控制胚胎干细胞，使它既能迅速生长，又不会随便分化呢？这是件非常难办的事情。科学家们尝试用各种调控因子做试验，其中有生长因子，也有抑制生长因子，但经常一无所获，或者仅仅出现那么一点点趋势。实验进行得异常艰难，如果没有执着追求科学的精神，是很难坚持到底的。

汤姆森博士坚持到了最后，他成功了。他的研究成果被誉为生命科学领域的重大技术突破，成为干细胞研究史上重要的里程碑。

## 干细胞调控网络

建立人类胚胎干细胞系的目的是为了获得大量的种子细胞，然后把它们诱导分化成临床需要的功能细胞。这是人类研究干细胞的初衷，也是干细胞研究的重点。胚胎干细胞在体内的分化究竟受哪些因素调控，现在尚不十分清楚。

同一个人的细胞，不论是皮肤、肌肉还是血液，所携带的基因都是一样的，不同的是，它们选择了不一样的表达基因。红细胞表达生成血红蛋白的基因；胰腺细胞表达产生胰岛素的基因。细胞之间的差异由此而产生。在这一过程中，基因表达蛋白起着决定诱导方向的作用。除此之外，环境因素也很重要。例如在鸡胚细胞分化中，辅酶Ⅰ含量高使鸡胚细胞分化为肌细胞，含量较低则使鸡胚细胞分化为软骨细胞。

温度、光线等因素也能影响细胞分化。例如豚鼠的孕期为68天，如果在妊娠18～28天时，每小时给母鼠增高温度3℃～4℃，胎鼠的脑重会减轻10%。人类孕妇发高烧也会影响胎儿中枢神经系统的发育。

体外实验表明，通过改变干细胞的培养模式，选择不同的分化诱导剂，可以诱导干细胞向特定类型的细胞转化，包括转化为神经细胞、造血细胞、肌肉细胞、肝脏细胞、胰岛细胞等。诱导剂对干细胞分化影响很大。比如在胚胎干细胞中，有一种调控因子名叫Oct4是必不可少的，缺乏Oct4的胚胎只能发育到囊胚阶段就不能继续往下生长了。

1995年，帕拉修斯在培养液中加入了一种特殊的诱导剂，使胚胎干细胞定向分化为造血干细胞，这种诱导剂可以控制胚胎干细胞的分化方向。

2000年，美国和以色列科学家声称，他们找到了控制胚胎干细胞早期分化的办法。他们利用8种特殊的生长激素可以使胚胎干细胞分化为3种不同类型的细胞。

具体的实验步骤是：把胚胎干细胞分为3组：第一实验组加入的激素使胚胎干细胞主要分化为胚胎中层细胞，形成人体的肌肉、血液和骨骼；第二实验组加入的激素使胚胎干细胞分化成胚胎中层和外层细胞,形成皮肤和大脑;而第三组实验中加入的激素则使胚胎干细胞主要形成肝脏、胰脏等内脏组织。不同类型的生长激素成为胚胎干细胞向特定方向分化的枢纽。

2008年,美国南加州大学的科研小组宣布,他们在提取大鼠的胚胎干细胞过程中发现,其中3个基因具有令干细胞分化的作用,于是科研小组利用一种物质抑制该基因发出的信号,使大鼠胚胎干细胞“停下”分化的进程,保持在原始胚胎状态。

华人科学家应其龙通过化学药物控制胚胎干细胞分化。以非常高的成功率建立了小鼠胚胎干细胞系。之后,又建立了大鼠的胚胎干细胞系。用药物抑制干细胞分化的办法在世界上尚属首创,这项成果为胚胎干细胞分化提供了新的研究思路。

我们欣喜地看到,科学家们已经找到了一部分控制胚胎干细胞定向分化的办法。如果再进一步,科学家们完全掌握了胚胎干细胞分化的所有技术,那么,人类离大规模生产各种功能细胞,重建人体组织器官的目标就不会太远了!

### 拥有人脑的“聪明”鼠

法国国家研究中心的研究人员宣布,他们用小鼠的胚胎干细胞成功地修复了功能缺损的心脏。他们把鼠的胚胎干细胞注射到患心肌梗死的小鼠心脏内,这只鼠的心脏坏死面积达到一半。三个星期后,那些移植进入的胚胎干细胞已经发育成为真正的心肌细胞。

美国加利福尼亚大学欧文医学院的研究人员将人类早期胚胎干细胞移植到脊椎受伤的老鼠体内,九个月后,这些老鼠用它们原本已经瘫痪的四肢支撑起身体,迈开步子向前挪动。进一步检查发现，在老鼠的脊髓神经周围，新的神经细胞已经长出。

我国浙江大学医学院欧阳宏伟教授带领的课题组用胚胎干细胞再生肌腱。他们将胚胎干细胞分化后得到的肌腱细胞植入到小白鼠肌腱断裂的膝盖部位，使小白鼠恢复了正常活动。评审专家们认为，欧阳宏伟教授的试验是一项具有开拓性意义的新颖研究。

由于胚胎干细胞的分化能力太强，目前医学界对于植入胚胎干细胞的最大顾虑是，胚胎干细胞植入后是否会导致肿瘤的发生？而欧阳宏伟教授主持的这项实验，所有的小白鼠都未发生肿瘤。

美国加州生物技术研究所的科学家宣布，他们将人类胚胎干细胞植入发育14天的鼠胚胎中，使出生的实验鼠颅脑中长出了0.1%的人脑细胞。两个月后，这些鼠脑中不仅有人类的神经元细胞，还有人类的神经胶质细胞。

18个月后研究人员再次检查这些实验鼠，发现鼠脑中的人脑细胞具有良好的生物电传导功能。表明植入的人类干细胞已

经在鼠的大脑内发育成完整的神经细胞。

这个消息披露后，引起部分人担忧。他们质疑人类胚胎干细胞植入到鼠的脑内是否合适？如果小小老鼠拥有人类的神经细胞，是否会变得异乎寻常的聪明？尽管科学家一再解释，即使掺入少量人脑细胞，鼠脑依旧是鼠脑，不会改变动物本身的性质，但是还是不能完全消除人们的疑虑。

假如植入鼠脑的人类胚胎干细胞不是0.1%，而是10%，50%甚至更多将会怎样呢？老鼠是否会爬上书桌，与人类进行交流？当然这种可能性不大。因为鼠脑的容量与人类相差太多。但是如果用进化上与人类接近的动物，比如黑猩猩来做实验，说不定真会发生些许骇人听闻的事情呢！

## 干细胞的伦理之争

尽管人类胚胎干细胞有巨大的医学应用价值，但是由于胚胎干细胞只能从人的胚胎获取，由此引发了一系列有关伦理、道德、宗教、法律方面的激烈争议。这些问题主要包括：胚胎干细胞的来源是否合乎道德，为获得胚胎干细胞而杀死人的细胞是否合乎法律，等等。

2001年8月，美国总统布什访问梵蒂冈，教皇保罗二世一见布什的面，就急切地拉住布什的手说："绝不能给那些研究干细胞的人拨款，他们毁灭生命，败坏伦理。"宗教人士和一些保守派认为，人类胚胎是神圣不可侵犯的生命，为了获取其中的细胞用于实验而使胚胎毁灭的做法不合乎伦理道德。

支持人类胚胎干细胞研究的人认为：早期胚胎仅由少量细胞组成，体积不过针尖大小，其神经系统也没有发育，既无知觉也无意识，是不能算“人”的。因此不存在伦理问题。

梵蒂冈的天主教会认为：从卵细胞受精的那一瞬间，一个新的生命就开始了。如果不从这一刻算起，任何时候都不会再有人的发生。而让其成长为一个人，仅仅只是需要一些时间而已。

科学家们认为：科学研究是为人类造福的事业，仅仅为了那些毫无知觉的生命细胞，而置千千万万被病痛折磨的人于不顾，同样是不道德的行为。

反对者拍案而起：你们这是以良好的愿望掩饰邪恶的手段。不能为了挽救一个人，而去杀死另一个无辜的生命。

这是一场科学与伦理的冲突。争论的焦点在于对生命和人绝然不同的两种理解。在一些人眼里的几粒人类细胞，在另一些人眼里却是神圣不可侵犯的人体。

按照英国沃诺克委员会的定义，人类胚胎以 14 天为界限，14 天以前的胚胎可以作为干细胞研究的对象，14 天之后则不能再用。14 天以前的胚胎没有神经系统和大脑，属于一般生物细胞。不是真正具有道德意义上的人。英国沃诺克委员会的观点为世界各国科学家普遍接受。

事实上，无论在自然条件或非自然条件下，人类早期胚胎的发展都存在两种可能性：或发育成人或夭折。由于地球的承载能力和资源是有限的，人类甚至需要有意识地节制生育，控制早期胚胎发育以减少人口过度增长引发的一系列社会问题。

假如能把人类的一部分送到别的星球上去生活就不用考虑人口过剩问题了，可惜的是，距离移民到适合人类生存的外星球那一天实在是太遥远了。

人类的发展历史告诉我们，每一次新生事物的出现都伴随着指责和非议。最早以前，西班牙医师塞维塔斯为了解人体结构而解剖尸体，结果被教会活活烧死。后来出现的输血技术、器官移植等，在最初阶段，也曾经引发伦理争议。首位试管婴儿路易丝·布朗在英国出生时，更是掀起了轩然大波。有人指责说："科学家居然扮演起上帝的角色，实在令人难以接受"。而现在，全世界试管婴儿超过30万例，人们对于借助人工方法创造生命已经习以为常。

当输血和器官移植等成为常规医疗手段的时候，没有人会拒绝使用它们。尤其轮到自己或家人需要干细胞移植挽救生命的时候，即使那些曾经反对干细胞研究的人，难道宁愿选择死亡而放弃运用先进的医疗技术健康生活吗？殊不知高明的医术不会从天而降，总是需要不断完善和付出一定代价才能得到。

## 世界的干细胞研究格局

**1. 在英国**

英国在人类干细胞的立法是目前世界上最宽松的国家。英国允许研究人员利用人的胚胎组织制造干细胞，但是在研究过程中，要做到对人类胚胎的尊重程度优于其他物种胚胎，而且用过的所有胚胎必须在14天后销毁。

英国政府不干涉通过克隆的方式获得人类胚胎。因而英国是世界上第一个将克隆研究合法化的国家。

2004年5月，英国建立了世界上第一家政府性干细胞银行，冷藏人体胚胎和胚胎干细胞。2005年又成立了干细胞基金会，募集1亿英镑资金供学术研究之用，以巩固英国在这一领域的领先地位。虽然这一举动也曾遭到保守派人士的强烈反对，但此举也同时吸引了大批干细胞研究人才来到英国工作，推动了英国的这项研究向更高的水平发展。

**2. 在日本**

日本是人类干细胞研究的积极推进国。这个国家具有强烈的竞争意识，他们把干细胞研究视为赶超欧美国家的绝好机遇。在2000年启动的“千年世纪工程”计划中，日本把干细胞工程列为四大重点工程之一。第一季度就投入108亿日元的巨额资金。

日本国内唯一制作人体胚胎干细胞的机构是京都大学再生医疗研究所。该所用冷冻的受精卵制成了许多批人体胚胎干细胞，把它们装在冷冻的液氮容器中，无偿地分发给研究者们使用，以促进胚胎干细胞研究的快速发展。

**3. 在美国**

胚胎干细胞的研究在美国一直是争议颇大的研究领域。

大多数美国人支持人类胚胎干细胞的研究。但是有一部分人由于宗教的原因，激烈反对这项研究，他们认为以毁坏胚胎的方式取得干细胞，无论出于怎样神圣的目的都是在杀人。为此，反对派和支持派吵得不可开交。

美国前第一夫人南希·里根是一位积极支持这项研究的热心人士。她的丈夫，前总统里根2004年死于阿尔茨海默氏痴呆症。而如果干细胞研究取得突破，这种疾病是有可能治愈的。为此她曾联合70位科学家给布什总统写信，要求他取消不让进行人类胚胎干细胞研究的禁令。

前任总统布什站在宗教派人士一边，两度否决美国参众两院通过的支持人类胚胎干细胞研究的法案，布什认为故意摧毁人类胚胎，是他本人不能跨越的道德底线。为此，美国的一些患者们曾一度走上大街游行示威，要求政府支持干细胞研究。他们认为，没有必要去争论尚是一团细胞的胚胎是不是一个人，是否具有人权问题，拯救还有希望活下去的人才是最重要的。干细胞研究带给人类的好处，远大于在伦理方面可能造成的负面影响。

争议归争议，事实上，美国科学家从来没有因为争议而搁置胚胎干细胞的研究。在政府不给予资金支持的情况下，科学家们被迫到各种基金会和私人投资那里去筹措经费，继续他们的试验。许多具有重大意义的成果终归还是诞生在美国的实验室里，政府的各项限制只是一定程度影响干细胞研究进程而已。

随着布什时代的结束和奥巴马开始执政，从前倍受争议的干细胞研究慢慢变得合法。据最新消息，美国政府已经把胚胎干细胞的研究纳入联邦资金资助的范围内。

**4. 在德国**

德国是基督教传统深厚的国家，因此人类胚胎干细胞的研究在这个国度里受到较大限制。

德意志研究院1999年发表声明指出：生命个体从精子与卵子结合的那一刻开始就应该受到国家法律的保护。无论出于什么目的，只要不是为了胚胎本身的利益，任何侵害胚胎的行为都是违法的。

根据政府政令，德国科学家不允许制造胚胎和杀死胚胎取得干细胞，除非是从已经死亡的组织中获取，或者是从人的身体组织中获取干细胞，否则会有牢狱之灾。

德国禁止胚胎研究除了宗教原因，还有历史的原因。在纳粹时期，希特勒曾推出优生理论，认为只有日耳曼是优等民族，而其他民族是劣等民族，并对其进行了大肆屠杀。当时德国的遗传学家百分之百支持希特勒的优生理论，由此导致了一场深重的历史灾难。一直到如今德国民众的心理上阴影尚存，对于改造生命变得非常敏感。

尽管如此，德国政府还是难以抗拒这项研究带来的医学和经济方面的巨大诱惑，他们采取了一种迂回的政策——允许使用进口人类胚胎，这给德国科学家的研究提供了机会。目前，德国国内好几家机构在使用进口的人类胚胎做实验。虽然宗教界人士对此极为不满，但是德国的科学家们却由衷地感到高兴。

## 中国为胚胎干细胞立法

我国民众对人类胚胎干细胞研究的争议不大，主要是宗教思想对我国的影响非常有限。因此人们能够比较轻松和更加理智地看待这一问题，中国政府的态度也非常明确，赞成以治疗为目的的人类胚胎干细胞的研究，但研究必须在有效的监控下进行。

2004 年 1 月 14 号，我国出台了《人胚胎干细胞研究伦理指导原则》的纲领性文件，第一次以书面形式为胚胎干细胞研究立法。文件全文如下。

第一条，为了使我国生物医学领域人胚胎干细胞研究符合生命伦理规范，保证国际公认的生命伦理准则和我国的相关规定得到尊重和遵守，促进人胚胎干细胞研究的健康发展，制定本指导原则。

第二条，本指导原则所称的人胚胎干细胞包括人胚胎来源的干细胞、生殖细胞起源的干细胞和通过核移植所获得的干细胞。

第三条，凡在中华人民共和国境内从事涉及人胚胎干细胞的研究活动，必须遵守本指导原则。

第四条，禁止进行生殖性克隆人的任何研究。

第五条，用于研究的人胚胎干细胞只能通过下列方式获得：

(1)体外受精时多余的配子或囊胚；

(2)自然或自愿选择流产的胎儿细胞；

(3)体细胞核移植技术所获得的囊胚和单性分裂囊胚；

(4)自愿捐献的生殖细胞。

第六条，进行人胚胎干细胞研究，必须遵守以下行为规范：

(1)利用体外受精、体细胞核移植技术、单性复制技术或遗传修饰获得的囊胚，其体外培养期限自受精或核移植开始不得超过 14 天。

(2)不得将前款中获得的已用于研究的人囊胚植入人或任何其他动物的生殖系统。

(3)不得将人的生殖细胞与其他物种的生殖细胞结合。

第七条，禁止买卖人类配子、受精卵、胚胎和胎儿组织。

第八条，进行人胚胎干细胞研究，必须认真贯彻知情同意与知情选择原则，签署知情同意书，保护受试者的隐私。

前款所指的知情同意和知情选择是指研究人员应当在实验前，用准确、清晰、通俗的语言向受试者如实告知有关实验的预期目的和可能产生的后果和风险，获得他们的同意并签署知情同意书。

第九条，从事人胚胎干细胞的研究单位应成立包括生物学、医学、法律或社会学等有关方面的研究和管理人员组成的伦理委员会，其职责是对人胚胎干细胞研究的伦理学及科学性进行综合审查、咨询与监督。

第十条，从事人胚胎干细胞的研究单位应根据本指导原则制定本单位相应的实施细则或管理规程。

第十一条，本指导原则由国务院科学技术行政主管部门、卫生行政主管部门负责解释。

第十二条，本指导原则自发布之日起实施。

## 反对克隆人

我国政府在《人胚胎干细胞研究伦理指导原则》中明确指出：允许开展胚胎干细胞和治疗性克隆研究，禁止进行生殖性克隆人的任何研究。

中国拒绝克隆人！

世界拒绝克隆人！

克隆简言之，就是一种人工诱导的无性繁殖方式。

从技术上看，治疗性克隆和生殖性克隆仅一步之遥，它们都是把人的体细胞核取出来以后，转到一个去核的卵细胞内，在体外培养成人类的早期胚胎，然后再把胚胎干细胞取出来。

治疗性克隆用取出来的胚胎干细胞克隆人体的组织和细胞，如心肌细胞、神经细胞等供医学研究和临床试验用。而生殖性克隆则把这个胚胎干细胞放在妇女的子宫里，经过十月怀胎，生育出一个与提供体细胞的人完全相同的胎儿。它们之间的区别在于，前者用克隆技术制造细胞，后者用克隆技术制造婴儿。

一直以来，生殖性克隆遭到全世界绝大多数人激烈反对，其原因有多方面。

首先，人类的克隆技术不完善，不能克隆出完全健康的人。人们熟知的克隆羊“多莉”曾患有多种疾病，如早衰、关节炎、肺病等。普通绵羊通常能活 12 年左右，而 6 岁半的多莉正当壮年，却患上老年绵羊才会得的疾病——进行性肺部感染。最后，科学家不忍看着多莉被病痛折磨，为它实施了安乐死。

继多莉以后，人类又克隆出卡姆莉娜鼠、沙娜猪、泰特娜猴等动物，它们无一例外地都存在着发育不良、免疫系统缺陷和心肺功能不健全等问题。克隆羊之父英国科学家伊恩·威尔穆特发现，任何克隆动物都不可避免地存在基因缺陷。如果科学家在实验室里创造出成千上万的畸形儿，将会给人类带来灾难性的后果。

与技术上的不成熟相比，人们还担心克隆人在伦理道德等方面带来一系列重大的社会问题。

克隆人的社会地位是不确定的。克隆人与提供细胞的人之间究竟是父子关系还是孪生兄弟？由此导致了家庭结构和伦理混乱现象。克隆人一出生就没有人类传统意义上的父母亲和家人，在实验室像物品一样被制造出来，生命的权利和尊严被人为操纵，很容易导致克隆人心理和感情上的扭曲。一旦他们与人类反目，组织起来与人类对抗，岂不酿成一场巨大的灾难？

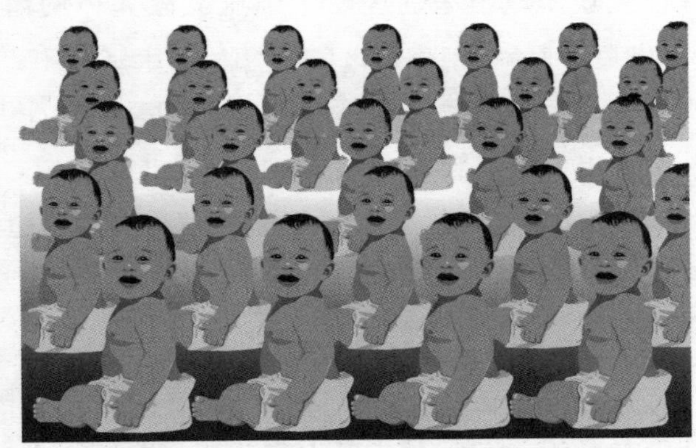

再则，无性生殖本身就是一种低级的生殖方式。在自然界，只有那些低等动物和植物通过无性繁殖延续种群，通过多少年

的进化以后才发展为有性繁殖。有性繁殖其实是生物进化中非常重要的一步。

据说在英国，经长期“优生”出来的“好牛”易患疯牛病，倒是土牛不怕疯牛病。再比如流行性感冒对于中国人只是小病，吃几片药就能挺过去，但对欧洲人却具有很大威胁，每年有不少欧洲人死于流感。研究还发现非洲裔美国人易患镰型细胞贫血症；苏格兰妇女易患同一类型的乳腺癌。说明不同人种对于疾病的抵抗力是有差异的。

自古以来，人类经历了数不清的流行性瘟疫的侵袭，之所以没有灭亡，得益于人种多样性这一特点。使生病和死亡的只占少数比例，不会夺去所有人的生命。而克隆人将终止生物多样性进化的可能，不利于人类自身的生存发展。

科学技术是一把双刃剑，利用得好可以为人类造福，利用得不好将带给人类无尽的灾难。克隆技术亦是如此。在这个问题上，人类必须持理性和负责任的态度，不要轻易开启克隆人这个潘多拉魔盒。

## 干细胞研究陷于困境

胚胎干细胞的研究走过了 30 多年的历程，取得了令人瞩目的成果，但是仍有许多难题尚未找到解决的办法。

**1. 来源问题**

胚胎干细胞来自早期胚胎的内细胞团，本来就难以得到，更何况获得胚胎干细胞必须以毁坏一个生命为代价，涉及伦理道德问题，更是难上加难。细胞来源问题使这项研究受到很大的限制。

**2. 异体免疫排斥问题**

用胚胎干细胞诱导分化形成的细胞和组织，对于患者来说，相当于异体移植，伴随异体移植而引发的免疫排斥问题成为干细胞治疗的拦路虎。

为什么异体移植会发生免疫排斥反应呢？

原来，身体里的免疫系统有识别“自己”和“非己”的能力。通过免疫排斥排除“非己”，保持个体的完整性，是人体自我保护功能使然。哪怕是为了救命而移植来的器官，机体也会毫不留情地加以排斥。除非在孪生子之间主要组织相容性(HLA)完全相同的情况下，机体才会认同彼此的组织器官并与之“和平共处”。

胚胎干细胞的免疫原性在刚开始时表现较弱。但是移植进入到机体后，随着细胞分化成熟，抗原性逐渐增强。被移植了异体干细胞的患者只能终身使用免疫抑制剂来压制排斥反应。免疫抑制剂不仅价格昂贵，同时还具有严重的副作用，长期使用往往会给患者带来新的痛苦，比如继发免疫缺陷、发生感染或肿瘤等。免疫排斥可以说是一道世界性科学难关，目前还难以攻克。

与传统的器官移植比较起来，胚胎干细胞可以在体外建系、扩增和基因操作，理论上更容易找到解决免疫排斥的办法。于是科学家们为胚胎干细胞用于人体设计了许多方案。

第一种方案：建立人类胚胎干细胞库，将不同组织相容性的胚胎干细胞收集到一起，冷冻保存，为那些组织相容性符合的患者提供来源，就像骨髓移植建立干细胞库那样。问题在于，人类胚胎本来就稀缺，到哪里去找那么多的人类胚胎干细胞来建库呢？中华骨髓库的库容量超过60万份，每年尚且还有大量的患者找不到合适的配型，要想建立一个满足临床所有患者需求的人类胚胎干细胞库谈何容易？因此这一种方案实际上是难以办到的。

第二种方案是:对胚胎干细胞的基因进行体外修饰或改造,使其与患者的基因尽可能相似,然后再诱导分化为特定细胞输送到患者体内。通过基因改造的干细胞是不会发生免疫排斥反应的。或者把人类细胞中主导相容性的基因敲掉或者让其沉默,创造全世界患者共用的万能细胞,这种方法可以避免发生排斥反应。

想法倒是不错,但是人体是极其精细的机构,各方面的调控因素一环紧扣一环。对细胞进行基因改造会带来什么后果呢?是否会破坏细胞原有的程序,导致功能紊乱或产生新的疾病呢?这些都是未知数。而且基因改造耗资巨大,绝大部分患者的经济能力将无法承受,因此第二种方案也不具备可行性。

还有第三种方案,那就是把患者的体细胞核,放入一个去核的卵细胞中,通过激活使其发育成囊胚。然后取出囊胚中的胚胎干细胞,体外培养成组织器官再移植到患者体内。这是一种用克隆技术制造胚胎干细胞的办法。由于最初的细胞核是由患者提供的,所以移植不存在异体排斥问题。可是接下来呢？取出胚胎干细胞后,这个囊胚肯定活不成了,仍然逃不脱伦理道德问题的纠结。

**3. 如何避免胚胎干细胞变成肿瘤**

理论上,越原始的细胞,越容易转化。从胚胎干细胞研究的发展史就可以看出,最初的研究就是从小鼠皮下注入胚胎干细胞形成畸胎瘤开始的。已有实验表明,把胚胎干细胞直接接种到动物的脑或肺等组织中,可以在这些组织中找到大量分散的肿瘤细胞。

要避免胚胎干细胞在体内形成肿瘤，只有一个办法就是先把胚胎干细胞诱导为成熟的功能细胞，把其中没有分化容易致癌的细胞剔除出去，这项技术称之为分离纯化。分离纯化技术要求非常高，目前世界上只有两家公司在这项技术上取得了美国食品药品监督管理局的批文。

一般说来，一次诱导分化最多只有 30％的胚胎干细胞产生功能细胞，其他的细胞处于未分化状态。如果分离纯化不完全，那些未分化细胞哪怕只有很少一点点“混”进人体，成瘤的可能性将变得非常之大。

由于胚胎干细胞的研究面临来源困难、伦理窘境、异体排斥等诸多壁垒阻挡，已经到了举步维艰，难以持续的地步，曾一度轰轰烈烈的研究局面最终冷清下来，陷于“寂静”。

### “多莉”羊诞生的启示

1996 年 8 月，在一个风光秀美的罗斯林小村庄里，传出了阵阵“咩、咩、咩……”的叫声，一头可爱的雌性小绵羊秘密诞生了，她的名字叫“多莉”。

多莉不是普通绵羊，它有名义上的母亲，但没有父亲。它是由体细胞取代精细胞产生的一只克隆羊。但从另一层意义上说，她是有父亲的。她的父亲就是帮助她来到这个世界的英国科学家威尔莫特和他的研究团队。

多莉是这样诞生的：科学家先找来一只 6 岁的雌绵羊，从它的乳腺中取下一个乳腺细胞；又找来第二只雌绵羊，从这只雌绵羊的体内取出一枚卵细胞，用极细的吸管吸出卵细胞内的细胞核。在微电流的刺激下，让第一只羊的乳腺细胞和第二只羊的空心卵细胞融合为一个新的卵细胞。把这个新生卵细胞放到第三只雌绵羊的子宫里,经过148天以后,多莉诞生了。

多莉的出世,不仅标志着生物技术的发展进入了崭新的时代,同时也揭示了一个惊人的事实。那就是:已经分化成熟的体细胞仍然没有失去分化的潜能,在合适的条件下可以"重新启动",重回生物发育的"零点"状态,发育成一个活生生的个体。实现了孙悟空拔根汗毛变猴子的神话。

成体细胞的逆分化现象是21世纪生物学的重大发现,它改变了干细胞的传统理念。

传统理论认为:成体干细胞是已经分化完全的定向细胞,只能向一种类型或与之密切相关的下一级细胞分化。而且这种分化是不可逆的。比如造血干细胞只能分化为红细胞、白细胞、血小板和淋巴细胞等,不会分化为其他细胞类型,就像一个七尺高的成人不可能再变回婴儿的道理一样,成体干细胞怎么可能再回到原始胚胎干细胞状态呢?

可是事实恰恰相反,成体干细胞居然在世人的眼皮底下来了个惊天大逆转,又变成胚胎细胞了。这让科学家们在无比震惊的同时,也由衷感到惊喜和振奋。从此,一场世界范围内的成体干细胞研究热潮波澜壮阔地开展起来。

1998年,Eglitis首次证明动物造血干细胞可以转化为星形胶质细胞;

紧接着,Pavilion利用骨髓造血干细胞分化为肌肉细胞;

1999年,Bronson发现小鼠神经干细胞可以转化为血液干细胞;

几乎同一时间里,Goodell把小鼠骨骼肌干细胞分化为血液细胞……

世界各国的科学家纷纷用他们的试验证实，成体干细胞具有跨谱系甚至跨胚层分化的能力。所谓细胞谱系，是指从幼稚细胞转化为高分化组织细胞的变化。成体干细胞的转化不受约束，不守“规矩”的特征逐渐被揭示出来。例如骨髓中的造血干细胞不仅能分化为血液细胞，在肝脏里还能分化为肝细胞，在心脏里能分化为心肌细胞。而且这种“横向分化”的方式具有普遍性。

传统理论认为，成体干细胞主要包括上皮干细胞和造血干细胞两种。然而最新科学研究表明，成体干细胞在机体多种组织中普遍存在。如造血干细胞、皮肤干细胞、肌肉干细胞、肝脏干细胞等。甚至以往认为不能再生的神经组织中，仍然有神经干细胞存在。这些干细胞大部分可以分化为至少 2 至 3 种以上的其他细胞。从骨髓和脐血中分离的干细胞，其分化潜能几乎可以与胚胎干细胞媲美。目前已在脑、脊髓、外周血、骨骼肌、上皮、视网膜、肝脏和胰腺等几乎所有的组织中发现了成体干细胞。

成体干细胞的“不俗表现”，让科学家大为惊喜。但是，目前从体内获得成体干细胞的技术还不成熟，体外诱导分化的机制尚未完全明了，体外扩增还有一定困难。如果上述问题得到解决，医院就可以增设一个“细胞供应科”了，它按照临床医生的处方，发给患者需要的细胞，让细胞在患者的不同组织器官内生长，修复或替换病损部位，如此一来，临床上许多难题就可以迎刃而解了。

### 关于成体干细胞

最初发现成体干细胞具有逆分化能力的是英国的科学家约翰·伯特兰·格登。

在一次经典实验中，格登把美洲青蛙的小肠上皮细胞核注入去核的卵细胞中，结果发育成了蝌蚪，进而变成青蛙。证明已经分化的细胞仍然具有发育为完整个体的能力，他的发明改变了人们对于细胞分化不能逆转的理解。为此他获得了诺贝尔奖。

现在这位科学家已经是80岁的老人了，仍然在剑桥大学的研究所坚持全职工作。令人感叹的是，格登读中学的时候生物学成绩很差，在全年级250名学生中竟然排最后一名，其他成绩也垫底。老师写给他的评语是："以你现在的表现来看，你想成为科学家的想法是非常荒谬的。继续学习下去简直在浪费彼此的时间。"可是谁也没料到，64年后，格登成为这个时代最优秀的科学家之一。

当然，成体干细胞的逆分化是需要特殊条件的。正常情况下，成体干细胞处于相对静止状态，一般不增殖分化。只有当组织损伤刺激时才会大量增殖分化。成体干细胞生存的微环境称为"壁笼"。犹如古时候人们在墙壁上镶一个框穴，把金银珠宝放在里面一样。一旦机体出现生理或病理需要，立即向成体干细胞发出动员令，成体干细胞才会"披挂上阵"，迅速进入"工作"状态，补充和修复受损细胞。

壁笼里的调节因子主宰着干细胞分化的命运，引导细胞增殖或凋亡。调节因子包括各种细胞因子、激素、化学信号等。成体干细胞的分化不可能是一种或几种调节因子在起作用。而是多种调节因子相互制约并协同作用，形成复杂的调控网络，共同决定干细胞启动或沉默某一部分基因，向着特定方向分化。

譬如一种经典的诱导神经细胞的办法是：在干细胞培养液中加入视黄酸，培养到4天后再撤去视黄酸，把干细胞移到另一种含神经营养成分的培养液中，这时可观察到神经细胞的逐渐形成。可见视黄酸是一种能诱导神经细胞分化的细胞因子。

科学家还发现在培养液中加入尼克酰胺，可诱导成体干细胞生成胰岛素；加入两性霉素 B 则促使干细胞向肌细胞分化；添加胰岛素、三碘甲腺原氨酸可以诱导干细胞分化为脂肪细胞；而如果加入维生素 C、β-磷酸甘油和地塞米松，则可诱导成体干细胞分化为成骨细胞。

科学家在体外让成体干细胞转化，很像调配鸡尾酒的操作，把各种细胞因子以不同浓度、不同组合进行“配方”试验，摸索每种“配方”诱导分化的效果。控制干细胞分化是一个非常复杂的过程，也是一个至今未完全揭开的谜题。

成体干细胞的巨大潜能需要通过某种特殊方式予以激发。被激发后的成体干细胞就像一头睡醒的雄狮，瞬时爆发出惊天动地的能量。它既可以逆向分化为胚胎干细胞，像孕育多莉羊一样产生新的生命，也可以横向分化为神经、皮肤、骨、软骨、肌腱、脂肪等多种类型的细胞。

科学家推测成体干细胞被“激发”的机制可能是：在外来的刺激作用下，细胞核内已经封闭的基因重新被激活，使成体干细胞表现出某些原始细胞的特性。

## 成体干细胞的优势

成体干细胞的优势是与胚胎干细胞比较得来的。从应用角度看，成体干细胞比胚胎干细胞更具优势以及更适合临床应用。

**1. 安全性**

胚胎干细胞能分化成各种类型的细胞，但这种分化是非定位性的，目前尚不能有效控制胚胎干细胞的定向分化。已有实验证明把胚胎干细胞直接注入脑、肺等组织中，可在这些组织中找到大量分散的肿瘤细胞。而应用成体干细胞不存在上述问题。在许多骨髓移植病例中也尚未出现继发肿瘤的报道。因此成体干细胞在应用中会更加安全。

**2. 免疫排斥反应**

胚胎干细胞应用的最大障碍是免疫排斥问题。由于供者与受者主要组织相容性复合体不同，若将异体胚胎干细胞及其分化而来的组织细胞用于患者，会诱导患者产生强烈持久的免疫排斥反应。而成体干细胞可以从患者自身提取，而后再将它们移植回患者体内，不存在免疫排斥现象。

**3. 材料来源**

胚胎干细胞只能从胚胎中获取，存在伦理麻烦。成体干细胞来源相对容易，可以方便地从骨髓、脂肪和皮肤等组织中获得，患者容易接受。尤其来源于骨髓的干细胞活性高，可以在体外大量扩增、长期传代并保持干细胞多向分化的特性，临床使用可行性强。

虽然成体干细胞具有以上优势，但其应用仍然受到以下因素的制约：

(1)目前尚未在人体的所有部位分离出成体干细胞。例如，尚未发现肾干细胞。

(2)成体干细胞含量极微，且数量随年龄增长而降低。即使在含量丰富的骨髓组织中，1 万至 1.5 万个细胞中也仅有一个造血干细胞，在其他组织中就更少了。由于数量稀少，给临床应用带来困难。如果使用患者自身的干细胞进行治疗，首先要从患者的体内分离干细胞，体外增殖培养，直至达到临床需要的细胞数量才可能用于治疗。培养细胞不仅需要较高技术水平作为支撑，而且需要一定时间，对于某些急性病恐怕就等不及了。

(3)在某些遗传性疾病中，基因的遗传错误有可能存在于患者的干细胞中，因此来自于患遗传病患者的干细胞是不适合移植的。此外，由于日光、辐射、化学毒品以及DNA复制过程中偶然的错误，都会使细胞基因发生异变。这些含异常基因的细胞也不宜用于移植。

成体干细胞的研究时间虽然不长，但是用其治疗疾病已经进入临床试验阶段，并且取得了令人鼓舞的成果。

## 质疑“横向分化”理论

在成体干细胞具有“横向分化”的特性频频被报道的时候，也有科学家对此提出质疑。美国贝尔医学院的研究人员将骨髓干细胞移植到小鼠体内，但在中枢神经系统的所有部位都未检出植入的细胞，即使在脑损伤时亦如此。他们的试验不仅证实体细胞不能“横向分化”为其他类型的细胞，还表明未经分离的骨髓细胞是不能转化为神经细胞的。

同年，斯坦福大学的科学家发表了题为“成年造血干细胞发育可塑性证据不足”的研究报告。他们为了证明干细胞是否真的具有跨系分化能力，将标有特殊标志的造血干细胞移植到动物体内，结果在脑、肾、肠、肝及肌肉中并未发现它们的踪影。由此得出成体干细胞并非具有横向分化特性，即使发生也是极为罕见的结论。

美国佛罗里达大学医学院的科学家称，他们关于骨髓造血干细胞“可塑性”的实验存在误判。以往的试验中胚胎干细胞与造血干细胞共同培养时，细胞自发出现融合现象，造成成体干细胞“横向分化”的假象。

美国明尼苏达大学的科学家认为，人体许多组织中余存着少量胚胎原始干细胞，正常情况下处于静止状态，在体外诱导时发生分化，形成各种组织类型的干细胞，所谓成体干细胞的“可塑性”其实就是那些未分化完的胚胎干细胞在发挥作用。

不可否认的事实是，多莉羊由成体干细胞重新发育而来，尽管它不是自然发生而是人为条件下的产物，但它是真实存在的。还有大量实验结果也证实：成体干细胞向其他谱系转化的报道绝非全都属于误判抑或实验结果出现偏差所致。在神秘面纱掩盖下的成体干细胞究竟是何种面貌，谁能说清?!

不得不承认，人类对于干细胞的认知仅仅是初步的，还远未达到一切都清楚明了的程度，未来的研究路程任重而道远。正如著名生物学家 Zon 所言“对于干细胞科学我们还处于蒙昧时期。”

# 第二部分

# 干细胞基础研究

## 在体外造心的专家

凯瑟琳·维尔法伊是美国明尼苏达大学的血液学家和肿瘤学家，也是干细胞研究这一新兴学科的带头人之一。

这位身高1米85的比利时人，中学时代凭着障碍跑和跳高成绩一举成名，曾获得全国青少年运动会五项全能冠军。学生时代的她最大的愿望是：好好训练，有一天能参加奥运会夺取金牌。

在一次训练中，她不幸扭伤了膝盖，肌腱和韧带都破裂了，当田径运动员的梦想也随之破灭了。

尽管她很灰心，但她很快振作起来，把人生的方向转到了另一个领域——医学研究。

如今，她已成为干细胞研究的“明星”。她的研究方向是，从实验鼠的骨髓内提取出一种干细胞，通过不断改变条件，把它分化为各种类型的组织细胞。

维尔法伊对工作非常专注，每天清晨就起床去上班，晚上很晚才回家。有些研究员对培养的细胞只检查两三次，而维尔法伊往往要检查十次、二十次才放心。

一次，一位儿科医生打电话给她，希望她能提供一些骨骼和软骨，治疗儿童身上一种罕见的遗传病。维尔法伊立即着手开始这项工作。她从成人骨髓里提取干细胞放在培养液里，加入各种激素和调节因子，让它分化为骨骼和软骨细胞。

经过反复试验，她成功了。她不仅找到了能使干细胞分化为骨骼和软骨的"配方"，培育出新生的成骨干细胞，还找到了把骨髓干细胞培育成神经细胞、肝细胞和心脏细胞的办法。

"瞧，心脏细胞在跳动！"维尔法伊指着容器里的一团组织向人们介绍说。"这些心脏细胞可以修复坏死的心肌。"

最近，维尔法伊的研究团队正在忙于一个新的试验——制造一个能在胸腔里跳动的心脏器官。

试验第一步，她们把一只老鼠的心脏取出来，用特殊的试剂脱去心脏上的细胞，只保留心脏结构的半透明支架。

试验第二步，把另一只老鼠的心脏干细胞"种到"支架上。

第三步，把支架放入营养液中进行培养。同时需要使用一台心脏起搏器，让心脏内充满液体。4 天后，这只人造心脏开始收缩，8 天后出现怦怦跳动。看到这颗充满活力的心脏，研究人员激动地说不出话来。

为了测试这颗人造心脏是否具有排斥性，她们把它移植到老鼠腹部，结果证明，这个心脏没有受到排斥，搏动很规律，不久，老鼠自身的细胞也开始附着在血管和心脏壁上生长。

2011 年明尼苏达大学又传捷报，首个人类心脏在实验室培植成功了。据科学家介绍，培育人类心脏比人造老鼠心脏要困难和复杂得多，注入的干细胞数量多达上百万单位，而且须添加各种营养剂。现在这颗心脏可以自行生长，希望不久能看到它出现跳动。

## 为治疗性克隆投赞成票

克隆指通过无性繁殖方式，获得遗传结构完全相同的细胞或生物体的技术，在不发生突变情况下，这些细胞和生物体具有完全相同的遗传构成。开始，克隆一词出现在园艺学中，随后逐渐应用到植物学、动物学、医学方面。随着“多莉”羊的诞生，克隆技术进入到哺乳动物领域。

克隆技术有一个重要的分水岭，这个分水岭不在于最初选择的细胞有多大差别，是胚胎细胞还是体细胞，而是当细胞发育到囊胚时，是用于生殖还是用于医疗。

生殖性克隆的目的是为了得到一个与提供体细胞的人完全相同的胎儿。而治疗性克隆用取出来的胚胎干细胞克隆人体细胞，如心肌细胞、神经细胞等供医学研究和临床治疗用。它们之间最根本的不同点在于一个是用克隆技术制造细胞，另一个用克隆技术制造胎儿。生殖性克隆遭到全人类坚决抵制，而治疗性克隆却给人类健康事业带来希望。

2005 年 2 月 18 号，第 59 届联合国大会法律委员会通过了一项声明，声明要求各国禁止有违人类尊严的任何形式的克隆人。该声明的表决结果是 71 票赞成，35 票反对，43 票弃权。投赞成票的国家包括美国、德国、荷兰和巴西等，投反对票的是比利时、英国、日本、瑞典和中国等国。中国在这个问题上态度非常鲜明，对此项协议投了反对票。

中国代表团之所以投反对票，是因为宣言的表述非常含混不清，它针对的禁止研究范围，可能涵盖治疗性克隆研究，这是中国不能接受的。

目前临床医生面临三大难题：首先是心脑血管疾病包括心肌梗死、脑出血等，其次是癌症，最后是病毒性疾病。这三大难题目前都没有很好的解决办法，而三大难题中的前两项，都可以通过克隆技术得到解决。因此克隆技术应该是挽救人的生命，增进人类健康的有益事业，没有理由放弃这项研究。

治疗性克隆如果成功，它将是修复甚至替换损坏或病变的组织和器官的最好治疗方式。用神经干细胞治疗神经性疾病如帕金森病、亨廷顿舞蹈症、老年痴呆症；用造血干细胞重建造血功能；用胰岛干细胞治疗糖尿病；用心肌干细胞修复坏死的心肌等，都会有异常惊人的疗效。同时还可以解决器官移植的两大难题——排斥反应和供体器官匮乏。

而反对克隆技术的人认为，克隆人类胚胎如若合法，就意味着对克隆人的管制全面松绑，潘多拉盒子一经打开，后果将不堪设想。

其实克隆人和克隆技术根本就是两回事，因为技术本身是中性的，无所谓正确与错误，而将此项技术用于何处才是问题的关键。人类应该可以控制自己的行为，知道哪些事情能做或不能做。人类不应该控制科学技术本身。不能为了禁止克隆人，就把治疗性克隆打入冷宫，把孩子和脏水一起泼掉。

中国政府既然已经立法禁止生殖性克隆，就能有效控制这一局面，使治疗性克隆研究在正确的轨道上运行，绝不会导致克隆人的出现。

2008年,美国和日本的科学家合作,应用克隆技术治愈了小鼠的帕金森病。

这项研究首先从美国的科学家开始。他们给小鼠注射一种药物,杀死体内的神经递质多巴胺(多巴胺分泌不足恰恰是导致帕金森病的主要原因),然后从小鼠的尾巴取得皮肤组织,交给日本的科学家。日本的科学家接着完成下述工作:从皮肤细胞中提取细胞核,移植到卵细胞中,培养出克隆胚胎。研究人员用了24只实验小鼠的皮肤细胞,制造出187种不同的胚胎干细胞,然后把这些细胞从日本又运回美国。美国的科学家把这些胚胎干细胞诱导分化为可以分泌多巴胺的神经细胞,移植到患帕金森病的老鼠体内。他们欣喜地看到,小鼠的病情得到了明显的改善。

这是一项国际间多家机构参与,综合各方面实力的科研大协作。众所周知,世界著名拳王阿里没有倒在竞技场上,却倒在帕金森病的魔爪下。人们多么希望克隆技术能够早日用于人类疾病,拯救世界上众多的帕金森病患者。

### 奇特的组装动物

科学家在治疗性克隆研究的道路上遇到许多障碍。

一方面,宗教界人士激烈抨击这项研究,他们认为人的生命乃上帝所赐,在人体胚胎上进行操作和实验,是对上帝不敬,同时实验导致胚胎毁灭无异于在“杀人犯罪”。

另一方面,人类卵子来源困难。克隆研究需要大量的人类卵细胞。一般情况下,获得一个克隆胚胎至少需要二百多个卵子。哈佛大学干细胞研究所花了十万美元做广告,征集人类卵细胞,至今没有获得一例捐赠。

捐赠卵子的过程需要付出时间、精力和痛苦,甚至可能有医疗风险,因此捐赠者往往望而却步。加之美国不允许为捐赠卵子支付费用,因为支付费用意味着卵细胞可以作为商品买卖,而美国法律是禁止买卖卵子的。这样一来。研究用的卵子很难得到。无奈之下,科学家产生了利用动物的卵细胞来代替人类卵子进行研究的想法。

把人类的细胞核与动物的卵子组合,使细胞同时含有人和动物两种基因结构,由此诞生了一种新的生物叫“人兽嵌合体”。在此以前,科学家已经成功地在动物身上做出各种奇形怪状的嵌合体。

美国耶鲁大学的教授把黑毛鼠、黄毛鼠和白毛鼠的胚胎细胞放在同一种溶液中,在微电流刺激下使各种细胞重新组装。然后把这种组装胚移植到老鼠子宫内。不久,雌老鼠生下来一只奇特的组装鼠。它的全身长着黄白黑三种不同颜色的皮毛。

不久前,南非科学家创造了一个嵌合体小动物,这只小动物的身体中,约有49%的细胞来自猫,35%的细胞来自狗,9%来自马,还有7%来自兔。典型一个“四不像”新品种。科学家创造这个小动物耗时5年零7个月,失败了六百多次才成功。它的名字叫依佐那。

而人与动物的嵌合体只在神话里存在,嵌合体这个词汇本身就来源于希腊神话,描述的是一种长着狮子头、山羊身和蛇尾的怪物。我国《西游记》里也有很多想象的人兽嵌合体,比如猪八戒就是人与猪的嵌合体,孙悟空也算,它是人脑猴身的嵌合体。但是在现实中不存在,法律禁止开展人类与动物嵌合体的实验研究。

1998年，美国先进细胞技术公司宣布，他们把人类体细胞与母牛卵子融合，培育出了人牛混合胚胎。

研究结果公布以后，每天都有很多人到公司抗议，声势闹得很大。当初这家公司只是想试探一下公众舆论的反应，还没来得及在专业杂志上发表论文。结果看到反对的呼声这么高，再也不敢涉足这方面研究了。

几年以后，美国克隆专家扎沃斯在伦敦一个学术会议上宣布，他克隆的人牛混合胚胎已经存活两个星期之久，这个混合胚胎99.9%的成分是人，0.1%的成分是牛。理论上说，它完全可以发育成人，只是不敢确定是否会长一条牛的尾巴。

此举一出，舆论哗然。指责其缺乏基本伦理道德的声音从四面八方响起。尽管扎沃斯一再声明，他这样做的目的只是想让干细胞克隆技术更加完善，根本不会让这个胚胎生下来，只要把干细胞提取出来马上就毁掉它。但是他还是不能得到人们的谅解和支持。

2007年,美国内华达大学的教授经过七年研究,制造出全球首只人羊嵌合体,这只绵羊体内含15%的人体细胞,制造者希望在它身上培育出可供人体移植的器官。尽管从目前看这只混种绵羊没有明显的异常行为,但是人们还是担心,人兽嵌合体出世引发人类走向倒退的可怕后果成为现实。

## 人兔嵌合体

中国的科学家历来是世界上最勤奋最刻苦的科学家,因而中国的克隆技术一直是处于国际领先地位的。

早在上世纪60年代,我国著名的胚胎学家童第周就成功克隆了黑斑蛙。他把黑斑蛙的细胞核移植到去核的卵子中,发育成蝌蚪。

90年代我国用胚胎细胞克隆了鼠、兔、猪、牛、羊等动物。1999年我国科学家卢光琇在全球率先构建人类克隆胚。她领导的研究所在治疗性克隆技术的研究方面取得了重大的成果。她们建立的人类胚胎干细胞系已经成功分裂到第45代,并建立了胚胎干细胞冷冻库。

2001年,中山医科大学的一项研究将一个7岁多小男孩的皮肤细胞与兔子的卵细胞结合,克隆出100多个人兔胚胎。其中一部分已经发育到桑葚胚阶段,经测试,它们都具有人类胚胎干细胞的分化潜能。

消息传出来后,国家人类基因组的4位专家致电上海《文汇报》,指责该研究亵渎了人类尊严,是对生命伦理的“突然袭击”。

专家认为:虽然人兔嵌合体绝大部分遗传物质来源于人,但仍有少量遗传物质来源于兔。把这种嵌合体产生的干细胞用于患者身上,会出现两个问题:其一,可能会使目前未知的兔子疾病传染人类,就像艾滋病病毒来自于非洲猩猩,结果在人体重组后在人类蔓延开来,成为严重威胁人类健康的可怕疾病一样;其二,万一有些居心不良的人把这些胚胎植入子宫,九个月以后,一个人兔杂交怪物横空出世,将严重损害人类尊严。

主持这项实验的专家们本来以为,他们的试验避免使用人的胚胎干细胞,绕过了伦理问题,却没想到反而陷入比上一个问题更尖锐、更复杂的争端之中。

2003 年,上海第二医科大学的研究者们成功构建了人兔核移植重构胚,然而,这项重大成果向国际杂志投稿两年却连续受挫。国际杂志拒绝刊登的理由是这项研究内容跨越了物种之间的界限。

克隆灵长类动物的技术难度要比单纯克隆其他哺乳类动物高很多。这是因为:在不同物种间,细胞核和线粒体存在不相容性,这一点在灵长类动物身上表现得更为突出。人类细胞核向兔卵转移过程中,染色体极易出现破坏或紊乱现象,使胚胎停止发育进而死亡。国外某些一流实验室做这类试验都屡试屡败,没料到,中国的科学家在中国的实验室里做成功了。一开始,许多西方的科学家质疑这项实验结果的真实性,但在大量科学数据面前,他们不得不信服。

由于克隆技术在中国的发展环境相对宽松,中国可能成为国际治疗性克隆研究的基地之一。美国和德国的科学家都表示愿意与中国的科学家合作,共同开展这一领域的研究。

### 幽默睿智的山中伸弥

尽管治疗性克隆在临床应用上具有极大潜力,但是这项技术面临的许多难题和争议极大地限制了它自身的发展，使得这项技术到目前为止仍然停留在动物试验阶段。

目前存在的问题主要有以下几个：

(1)供体卵细胞来源困难，使研究面临“无米下锅”的窘境；

(2)细胞核移植率低；

(3)仍然需要摧毁人类早期胚胎；

(4)治疗性克隆研究容易滑向生殖性克隆的邪路；

(5)把人兽嵌合体用在患者身上，会遭到人类理性和感情的强烈排斥。

科学家们又开始了新的探索历程。除了克隆技术，他们希望找到其他获得胚胎干细胞的办法。

2003 年，古尔德研究小组发现，将完全分化的淋巴细胞核导入蟾蜍的卵细胞后，细胞核在结构上发生了改变，显示出胚胎干细胞的显著特征，这个发现如同一道灵光，开启了新的研究思路。

2006 年，日本京都大学山中伸弥教授做了一个试验，他用逆转录病毒，将 4 个转录因子导入小鼠的皮肤细胞，使皮肤细胞的基因重新组合，产生了一种新的干细胞。这个细胞在形态和生长特点上与胚胎干细胞非常类似，把它注射到小鼠的皮下，也可以发生畸胎瘤。这个干细胞被命名为诱导性多潜能干细胞(iPS 细胞)。2012 年，山中伸弥因创造了新的干细胞获得诺贝尔生理学或医学奖。

在这个试验中，4 个转录因子的应用非常关键。它们是山中伸弥从几百个基因中筛选得到 24 种候选基因以后，再从这 24 种候选基因中挑选得到的。它们是 Oct4、Sox2、Cmyc 和 Kif4 因子。

山中伸弥受邀出席北京大学演讲。在讲坛上，他幽默地说："选择这 4 种转录因子，简直就像买彩票一样。只不过我很幸运，我押对了宝。"

帅气幽默的山中伸弥是一个颇具欧美风格的大学教师，学生们心中的科学偶像。早在医学院读书的时候，山中伸弥就显示出超凡的研究能力。他可以一连几天待在实验室里，在好奇心的驱使下不停地做实验。博士毕业以后，辗转在日本的几所大学里任教。

少年时的山中申弥曾想当一名整形外科医生。大学毕业去临床实习时，他做的第一次手术是为患者切除良性瘤。熟练的医生 10 分钟可以做完的事情，山中申弥鼓捣了一个小时也没完成，沮丧的他只有连连对手术台上的患者说抱歉。后来他转向基础医学研究，做干细胞终于成功了。

小鼠 iPS 细胞研究成功引起了科学界极大的兴趣。世界上很多研究机构开始投入力量，迅速跟进。新一轮角逐随即展开，现在就看谁能最先研制成功人类的 iPS 细胞。

## 汤姆森再度"夺冠"

2007 年美国威斯康辛大学的詹姆斯·汤姆森博士骄傲地向全世界宣布：他们把人体皮肤细胞改造成了可以分化为人体所有组织和细胞的 iPS 细胞。

这项技术的流程是首先从一名新生儿的皮肤中提取体细胞，利用慢病毒作引导，向这个细胞中植入 4 个转录因子，通过基因重排，使皮肤细胞逆分化获得 iPS 细胞。这个细胞具有与胚胎干细胞同样的功能，植入囊胚中还可以发育成胎儿。

这项技术的非凡意义在于，人们再也不用从胚胎干细胞中提取全能细胞了。只需从患者身上取一点点血液或者组织，从中分离出成体干细胞，通过基因改造以后，得到类似于胚胎干细胞的 iPS 细胞，就可以转化为人体需要的细胞。例如转化为胰岛细胞治疗糖尿病；转化为肌细胞治疗肌萎缩；转化为多巴胺神经细胞治疗帕金森病；甚至还可以转化为 CD4T 淋巴细胞治疗艾滋病等。这种治疗方法既可以避免异体移植带来的免疫排斥反应，又绕过了伦理道德的困扰。

宝刀不老的汤姆森，又一次夺得了人类诱导性多功能干细胞研究的“冠军”。

汤姆森博士的实验室已不是十几年前那个破旧的粉红色二层小楼了。在宽敞明亮的大楼里，汤姆森博士旗下聚集了约一千名世界顶级的专家学者，其中还有许多来自中国的研究者。

美国先进细胞技术公司首席科学主任兰扎赞扬这项研究在生物学上的意义时说，创造 iPS 细胞的价值相当于莱特兄弟建造的第一架飞机。

汤姆森的新成就在美国倍受关注。那些反对以人类胚胎为材料从事干细胞研究的人更是举双手赞成。

布什总统尤其对这项成果感到满意，认为这才是干细胞研究的“正道”，是符合伦理道德研究取得的重大成果。言下之意是，人类胚胎干细胞研究是多余的，没有继续进行下去的必要。甚至有保守派人士称，正是由于美国政府对胚胎干细胞研究的诸多限制，才促使科学家另辟蹊径，导致了这项新技术的诞生。

汤姆森博士不同意这些评论，他在《华盛顿邮报》上撰文予以批驳。他说：“把这项技术的诞生归功于限制胚胎干细胞研究造成的，完全是无稽之谈。如果没有从胚胎干细胞研究中所获得的知识做基础,这项技术是根本不可能出现的。况且,现在说它完全能够取代胚胎干细胞还为时尚早。”

的确如此。科学家在从事研究时,总是会运用各种方法,尝试各种途径进行探究。汤姆森博士的两项研究成果,从人类胚胎干细胞系的建立到 iPS 细胞的发现,都具有同样重大的意义。两种技术本身既有优势也有缺陷,不存在孰轻孰重谁是谁非的问题。

汤姆森博士在文中指责美国政府对人类胚胎干细胞研究的限制,已经造成了阻碍这项技术发展的后果。

### 日美两国的激烈争夺

不巧的是,在美国科学家宣布取得人类 iPS 细胞的同时,山中伸弥也公布了他们成功获得人体 iPS 细胞的消息。两个国家的研究小组同一天宣布内容相同的研究成果,相当于田径场上,两名运动员同时到达终点,反映出干细胞研究领域的竞争已经达到了白热化的程度。

美日两个团队的研究内容略有以下三点不同。

(1)体细胞来自于人体的部位不同。汤姆森实验所用的皮肤细胞取自新生儿的阴茎包皮,而山中伸弥则从一名 36 岁女性的脸部皮肤获得细胞。

(2)所用病毒载体的类型不同。汤姆森采用的是慢病毒,山中伸弥选择的是逆转录病毒。

(3)转录因子不同。汤姆森选用的转录因子前两项与山中伸弥完全相同,后两项则采用的是 Nanog、Lin28 转录因子。

尽管有以上几处不同,但是两人最终得到的 iPS 细胞无论在形态、基因表达方面，还是分化潜能上都没有明显的差异。两个研究团队的实力旗鼓相当，不分伯仲。

山中伸弥颇有感慨地说："iPS 细胞的研制取得成功，多亏了国际上激烈竞争造成的氛围。正是为了在国际竞争中获胜，日本政府才投入重金，对这项研究给予了足够的重视。"

此话不假，为了保住世界领先地位，日本政府将 iPS 细胞的研制列为国家重点发展项目。2007 年，文部科学省投入 2.7 亿日元，2008 年提高到 22 亿日元，同时承诺在今后 5 年继续投入 100 亿日元，并建立 iPS 细胞库，储存足够多的 iPS 细胞以及分化出来的各种脏器细胞。

据山中伸弥介绍，培养 iPS 细胞相当耗费时间，如果用它治疗急性病就等于病急遇到慢郎中。例如治疗脊髓损伤，植入 iPS 细胞的最好的时机在患者受伤 10 天左右，但是用患者自身体细胞培养 iPS 细胞，至少需要 1 年时间。因此只有建立 iPS 细胞库，患者才能得到及时救治。

目前，山中伸弥研究团队正积极筹建一个能覆盖 90%日本人配型的干细胞银行。

美国科学家也咬紧 iPS 细胞研究这块大蛋糕不松口，奥巴马政府 2009 年发布了干细胞的研究规范，明文规定 iPS 细胞研究可获得联邦政府的资金支持。

科学家的创造热情被 iPS 细胞空前调动起来，一个新的研究热潮又一次席卷全球。

克隆羊多莉的"父亲"英国科学家伊恩·威尔莫特决定放弃他从事多年的克隆技术，转而投向 iPS 细胞的研究方向，他认为 iPS 细胞比克隆技术简单得多也更为可靠。而且更重要的是，它代表了新时代的发展方向。

## 基因工程制造干细胞

究竟是什么办法,让山中伸弥和汤姆森把人的体细胞逆转为胚胎干细胞呢?

原来,他们应用的是基因工程的方法。通过导入外源因子使体细胞重新编排,使它们回到原始细胞状态,重新启动细胞发育过程,

外源因子进入体细胞需要一种载体帮助,载体的作用就相当于人类使用的交通工具。科学家选择病毒来扮演交通工具的角色。因为病毒拥有轻而易举进入细胞的本领。

病毒把外源因子带进细胞内,外源因子的DNA顺势插进细胞的基因组,细胞的基因结构从这一刻起即发生了完全改变。遗憾的是,病毒在带入外源因子的同时,也把它们自身讨厌的DNA留在体细胞里成为隐患。

外源因子与细胞基因重组的过程其实与使用电脑时对文件施行"剪切""粘贴""拖拽""储存"的操作很相似。不信你瞧。

第一步:剪切——把需要的基因片段从选择的基因中剪切下来。这时需要加入一种特殊的限制性内切酶。这种酶能够识别核苷酸碱基对的排列顺序,在特定位点,对DNA长链进行剪切。

第二步:粘贴——把剪下来的基因粘贴到载体中的特定部位。这时需要加入一种特殊的连接酶,使基因和载体的DNA末端很牢固地连接起来。

第三步:拖拽——让病毒带着外源基因进入体细胞内。这个过程常常需要借助电穿孔、激光穿孔等办法,在细胞膜上打孔,使外部物质全部进入细胞内。

第四步:储存——外源基因在体细胞内长期居住下去,并且表达重组基因的指令。改造后的细胞终于“改头换面”,成为具有新的遗传性状的细胞类型。

通过以上四步操作实现体细胞的DNA重组,把体细胞定向改造为胚胎干细胞。

诱导iPS细胞技术虽然引人注目,但操作起来其实并不复杂。正如汤姆森所说:“现在全世界都在做这个了。”但是这项技术仍有几处重大的难关需要克服。

在山中伸弥引入的四个转录因子中,有个叫Cmyc的因子致癌性很强,另一个基因Kif4也具有一定的致癌性,用它们诱导的iPS细胞,使小鼠的后代中20%会出现肿瘤。

接下来,科学家们要做的工作是改变实验条件,改造iPS细胞使之能够安全地用于人体。

## 艰难的探索之路

汤姆森博士利用一种新办法以Oct4、Sox2、Nanog和Lin28这四种基因重构体细胞。细心的你一定会发现,在四个转录因子中有致癌性的基因被替换下来。汤姆森运用的这一组转录因子得到的iPS细胞质量较好,且后代小鼠没有发生肿瘤,可惜的是诱导效率很低。这说明,虽然致癌基因不是形成iPS细胞必需的因子,但它却可以提高诱导效率。

山中伸弥认为,iPS细胞是否会引发肿瘤与培养方法有关。他尝试换一种新的方法,即只用一个载体转运Cmyc,另一个载体转运其他三个基因,然后把两个载体同时导入皮肤细胞。用这种方法诱导的iPS细胞不会诱发小鼠肿瘤,而且会降低鼠的死亡率。

除了转录因子的致癌性以外，病毒载体也存在安全问题。无论是逆转录病毒，还是慢病毒，都会把病毒基因整合到宿主细胞中，造成致病性的细胞污染。

哈佛的科学家们用普通流感病毒代替逆转录病毒，这种方法使制造出的 iPS 细胞更安全。

山中伸弥尝试用不含逆转录病毒的质粒诱导 iPS 细胞，此项实验居然获得成功。时隔不久，汤姆森也完成了不用慢病毒诱导 iPS 细胞的研究。这两位大师的实验不同之处在于，山中伸弥的技术过程显得繁杂一些，而汤姆森的方法更简便和易于操作。

让人高兴的是，完成无病毒载体制备 iPS 细胞实验的是汤姆森研究室的研究员，华人女科学家俞君英。

俞君英把四种转录因子添加到一种称为质粒的 DNA 环中，导入人的皮肤细胞。质粒使皮肤细胞重组，成为 iPS 细胞。细胞经过几轮分裂以后，质粒会自动游离出来。最终获得不含质粒的 iPS 细胞。

俞君英的试验方法消除了 iPS 细胞的不安全因素，使这一技术距离临床应用又近了一大步。

俞君英毕业于北京大学，1997 年留学美国宾夕法尼亚大学，2003 年到汤姆森研究室工作。十几年来她一直在实验室忙碌着，几乎没有回过中国的家。尽管她无时无刻不在思念家乡的亲人。

iPS 细胞的制作除了需要解决安全性问题，还需要解决速度和效率问题。

iPS 细胞产生的速度和效率极低，最快耗时四周，这种速度实在不敢恭维！而一万个普通细胞中只能培养出一个 iPS 细胞来，其效率之低也成为科学家从事这项研究的瓶颈。

用什么办法提高 iPS 细胞的转化率呢？科学家们努力寻找突破这一难点的各种办法。

有人在培养液中加入一种叫“巴尔普罗酸”的物质，发现能使 iPS 细胞的成功率提高约 50 倍。

有人开发出一种小分子物质——丙戊酸，发现只用两个转录因子就明显地提高了编程效率。

山中伸弥通过阻断“P53”这种抗癌基因，可以将转化率提高 100 倍。

美国丁盛研究小组应用一种纯化蛋白质，可以使转化效率提高 200 倍，周期缩短一半。

哈佛大学德里克·罗西用一种改造过的 RNA 代替逆转录病毒，发现效率可以提高 40～100 倍，速度达到两倍。而且这种方法不会引发癌症。

中国科学院裴端卿领导的科研小组，把普通的维生素 C 引入培养液中，可以使万分之一的细胞转化率提高到 10%，相当于把时速 4 公里的火车一下子提速到 4000 公里。此项成果被世界干细胞权威杂志《细胞——干细胞》在线发布，并且选为封面文章，这是相关学科第一次获得如此殊荣。

现在，全世界的科学家为获得安全高效的 iPS 细胞正在夜以继日地工作，取得的成就也显而易见。

大量的科学研究表明，iPS 细胞容易引发癌症以及转化效率低等问题是技术尚不成熟的副产品，是暂时的和可以克服的。随着这一技术的不断进步和完善，将来奉献给临床患者使用的一定会是高质量的 iPS 细胞产品。

## 目不暇接的科研成果

自从汤姆森和山中伸弥成功地把人体皮肤细胞改造为多潜能干细胞以后，引发世界范围内干细胞研究高潮迭起，成果斐然。各国政府纷纷投入人力、物力和财力，加紧研究开发，争抢这一领域的科技制高点。

庆应大学用鼠的 iPS 细胞培育出角膜上皮细胞；加利福尼亚大学把鼠的 iPS 细胞分化为心肌细胞；都临医学院用鼠的 iPS 细胞生成造血干细胞；东京大学将人的 iPS 细胞培育出形态和功能与真正血小板毫无二致的血液细胞。

此前培养 iPS 细胞都在人工培养液中进行。日本一个研究小组独辟蹊径，把人的 iPS 细胞放到小鼠体内"寄养"，两个月后，寄养的细胞发育为直径约 2 厘米的包块，从中可以获取许多间充质干细胞。

更有趣的是斯坦福大学的学者们，他们把病毒载体和转录因子以及辅助神经发育的物质，一古脑儿全部植入小鼠皮肤细胞里，结果发现，皮肤细胞竟然直接转化为神经细胞。既简化了工序又节省了时间。

世上有很多人为过于"肥胖"发愁。斯坦福大学的研究人员发现脂肪也可以诱导 iPS 细胞，且脂肪中产生 iPS 细胞比皮肤中诱导的转化率提高了近 20 倍。瞧！多余的脂肪终于可以废物利用了。

我国科学家金颖带领的研究团队不久前从孕妇产前的羊水里培养出 iPS 细胞。所需时间只要 6 天，这是目前建立人的 iPS 细胞系时间最短的。这些细胞质量良好，能够在体外长期稳定传代。

人为地让动物患上人类疾病，再用 iPS 细胞去“拯救”它们，这是实验室经常使用的实验手段之一。

庆应大学的研究人员用 iPS 细胞分化的神经干细胞治疗患神经髓鞘缺失症的小鼠。治疗 8 周以后，小鼠长出了新的髓鞘细胞。

髓鞘是什么？它是包裹在神经细胞外的一层蛋白质膜。髓鞘缺失会造成神经传导障碍，使小鼠震颤，行走不能甚至瘫痪。把神经干细胞移植到鼠的脊髓以后，小鼠的行走能力得以恢复。

庆应大学冈野荣之研究小组，用 iPS 细胞治疗一只瘫痪的绒猴，6 周以后，绒猴可以到处蹦跳，接近于它受伤前的运动水平。同时，前肢抓握物体的力量也恢复了 80%。虽然长期效果还有待观察，但 iPS 细胞在绒猴身上体现的绝佳疗效确实令人鼓舞。

美国一家生物公司，用 iPS 细胞治疗镰状细胞性贫血小鼠获得成功。他们用患贫血症小鼠的皮肤制成 iPS 细胞，显然，这个细胞是存在基因缺陷的，然后科学家改造缺陷基因，剔除其中

引起贫血的坏基因，再回输给患病小鼠，使小鼠的寿命延长了4个月。

最绝妙的创造还有用iPS细胞制作人工肺，它是哈佛大学的研究团队集体完成的创新性“杰作”。

具体的做法是这样的：先把大鼠的肺取出来，去掉肺上的组织细胞，得到脱细胞的肺支架，再植入胚胎干细胞和人类脐血干细胞。将这具肺支架放到生物反应器中培养。生物反应器中还有专门的仪器帮助肺呼吸。大约2周时间，干细胞长满了整个肺。

把肺移植到大鼠体内，人工肺表现良好，能够吸入氧气，排出二氧化碳。正常工作了6小时。遗憾的是，到第7小时，肺泡内充满液体，人工肺由于出现肺水肿而丧失功能。

虽然人工肺生存时间不长，但是它具有血液流通和气体交换这两点却是一个重大突破！多少年来，科学家梦寐以求希望制造出有健全功能的器官，哈佛大学的科学家做到了。虽然这项研究还存在很多问题。如果能找到解决这些问题的办法，人工肺将为拯救全球5千万晚期肺病患者的生命铸造辉煌。

## 科学家梅尔登

在干细胞研究领域，有一位赫赫有名的科学家，他就是哈佛大学干细胞研究所所长道格拉斯·梅尔登教授。

梅尔登领导的研究团队创造了一个独特的培育胰腺细胞的办法，那就是把病毒载体和转录因子一同植入鼠的胰腺，不久便收获到可以分泌胰岛素的胰腺细胞。表明重编程技术可以“一步到位”，不必非经过iPS细胞这一步不可。这个办法既简便又快捷。创造这项技术的梅尔特是业内公认的干细胞研究高手。

梅尔登出生在美国芝加哥南部，在伊力诺依大学获得生物学学士，随后又获得哲学博士学位。本来他是研究两栖动物的专家，在事业处于高峰期的时候，一个突发事件的出现，让他放弃了以往的专业，毅然投身于干细胞研究。

原来他的儿子山姆 6 个月大的时候患了 1 型糖尿病，从此乌云笼罩在他的家庭。小山姆的整个童年是这样度过的：每隔几个小时要测一次血糖，血糖高了注射胰岛素，低了则喂食糖水。几年后，不幸接踵而来，他 14 岁的女儿也患上这种疾病。

1 型糖尿病其特征为身体无法制造足够的胰岛素，以至于体内血糖不能保持相对恒定。即使终身依赖胰岛素，也不能避免糖尿病并发症的到来。

梅尔登决定放弃自己的专业。他从图书馆搬回一大摞医学书籍，下决心改攻医学，亲自寻找治疗糖尿病的"良方"。后来，他把干细胞定为自己的研究方向，他相信干细胞移植技术具有巨大的应用潜力。不管遇到多大困难，他始终坚守这个信念不动摇。

从外表上看，梅尔登是个典型的大学教授，说话轻声细语而且善于思考。

在哈佛大学，他教授科学伦理课程。讲胚胎干细胞这一节时，他特意邀请天主教人士来阐述反对的观点。他问这名宗教人士"您认为一天的胚胎和一岁的孩子在道德上是否等同？"

那位宗教人士回答："当然是"。

"一天的胚胎只能冷冻保存。您能不能接受冷冻一岁的孩子呢？"

宗教人士回答不上来了。

在布什政府限制胚胎干细胞研究的时期，梅尔登面临政治上和研究经费等多方面压力。当时，美国许多科学家被迫跑到其他国家，有的人去了英国，有的人去了新加坡，还有一些人去了中国。那里的政府不反对这项研究。而留下来的科学家由于缺少资金，许多人因此改变了研究方向。

梅尔登却仍然留在原来的实验室里培养胚胎干细胞。他制造了30株胚胎干细胞，免费送给美国各个地区的科学家做研究。

梅尔登是一位成功的科学家，更是一位充满爱心的好父亲。虽然他拥有的众多成果在短期内还不能全部用于临床，但是这一天已经不远了。干细胞研究突飞猛进地向前发展，糖尿病患者包括梅尔登儿女们的疾病一定会得到治愈。

### 身价百倍的“小小”鼠

2009年7月23号，一只名叫“小小”的老鼠出生了，但它既不是父母的“爱情结晶”，也不是普通的克隆鼠，而是用鼠的iPS细胞制造出来的小生命。

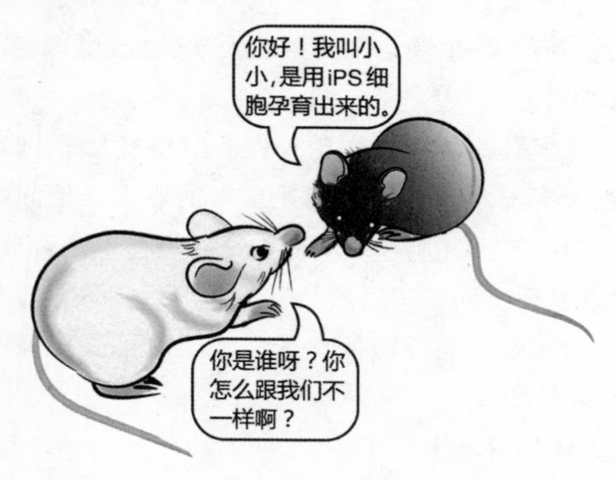

“小小”鼠的缔造者，中国科学院研究员周琪和上海交通大学医学院研究员曾一凡利用 iPS 细胞先后培育出 27 只类似“小小”的黑鼠，从而在世界上首次证明了 iPS 细胞具有与胚胎干细胞相似的全能性，能发育成一个完整的生命个体。与此同时，北京生命科学研究所的高绍荣研究团队也宣布，他们用 iPS 细胞克隆出活的并具有繁殖能力的小鼠。两只中国科研队伍同一天发表论文，同时用实验证明了 iPS 细胞的全能性。

此项结果公布出来后，立即引起全世界强烈反响。国内外同行充分肯定这项成果的意义，赞扬中国科学家为克隆成年动物开辟了一条全新的道路。同时，这项成果被美国《时代周刊》评为 2009 年全球十大生物医学进展之一。

一直以来，各国科学家都希望得到由 iPS 细胞发育而成的活体动物，因为这一步是鉴定 iPS 细胞是否具有全能性的黄金标准。但是都没有成功。他们用 iPS 细胞培育的小鼠均胎死腹中。

最终，这份荣誉被中国科学家揽于怀中。周琪他们把黑鼠的皮肤细胞逆转为 iPS 细胞，构建了 37 株 iPS 细胞系。将其中 6 株分别注入 1500 枚囊胚中，放到白鼠的子宫里“代孕”。20 天后，白鼠妈妈生出黑鼠儿子，一共生了 27 只活的健康小鼠。他们把第一个出生的小鼠命名为“小小”。

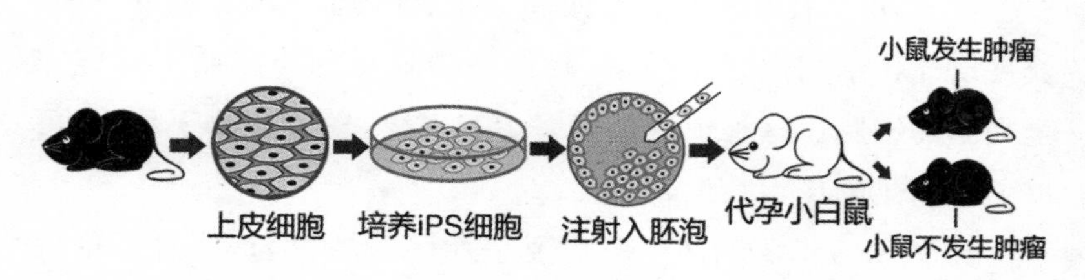


经过基因检测，证明这 27 只黑鼠确实由 iPS 细胞发育而

来。它们是世界上第一批完全由 iPS 细胞孕育的活体小鼠。如今,27 只黑鼠先后与普通白鼠成功配种,陆续生下数百只第二代和第三代小鼠。这些小鼠发育良好,具有正常繁殖能力,没有发现畸形现象。

“小小”鼠们的诞生将 iPS 细胞的研究推到了一个新的高度,为提升中国在干细胞研究领域的国际地位作出了贡献。

周琪研究组乘胜追击,与中科院遗传和发育研究所王秀杰研究组合作,发现了小鼠 iPS 细胞多能性的关键基因簇。它位于小鼠 12 号染色体区域内。这个发现对于揭示干细胞多能性的机制有重大意义。

该成果于 2010 年 4 月在《生物化学期刊》在线刊发,仅仅两周后,美国科学家也发表了相似的论文,使这一结果再次得到论证。

令人振奋的是:中国的干细胞研究已经进入快车道,跻身于国际第一科研梯队。

## 初露锋芒的多潜能干细胞

iPS 细胞的成功建立,无疑具有重要的科学研究和实际应用价值。

首先,iPS 细胞来源更方便和更丰富。通过几个转录因子,就可以让体细胞返回“零点”,轻而易举地得到与胚胎干细胞完全相同的细胞。这种细胞想要多少有多少,想干什么干什么,可以无限满足临床治疗的各种需求。

其次,iPS 细胞的产生不需要早期胚胎的参与,绕过了伦理问题的纠结,也避免了卵细胞缺乏的困扰,为干细胞的研究发展铺平了道路。

体细胞采集非常便利。仅从患者的头发中分离出角化细胞，就可以诱导为 iPS 细胞。仅一根头发而已！操作过程既不繁琐对患者也无任何伤害。

如果用患者的体细胞建立 iPS 细胞系，再进一步分化为组织细胞会怎样呢？人们可以更直观地看到患者不健康的组织细胞有哪些异常表现，分析疾病的发生机理和发展过程，以便找到更有效的治疗方法。

斯坦福大学的神经生物学家理查德·多尔梅齐，从两名年轻的提摩西综合征的患者身上收集皮肤细胞，制成 iPS 细胞，使它分化为心肌细胞，这些心肌细胞在培养皿中生长一个月后，长成一团搏动的组织，其中有心房细胞、心室细胞和节细胞。可以清楚地观察它们的性状和变化。

提摩西综合征是一种罕见的遗传疾病，以心脏出现异常跳动为特征。目前还没有有效的治疗药物。为了维持患病儿童的生命，只能靠埋置心脏起搏器帮助心脏搏动，很多儿童因未及时诊断和安装心脏起搏器而死亡。

用健康人的 iPS 细胞制作的心肌细胞，会以每分钟 60 次有节奏地跳动着，而来自提摩西综合征患者的心肌细胞搏动会慢很多，且节奏不齐，甚至还会漏掉一些节拍。两种细胞放在一起比对会发现，来自患者的心肌细胞显然“很不对劲”。

多尔梅齐分别把几种药物放在细胞上，检测它们的反应。发现一种治疗癌症的药物可以纠正心脏异常的搏动。但是，这种药物的副作用太大了。如果扩大药物筛选范围，有可能找到合适的药物。可是这件事工作量太大，于是多尔梅齐计划筹建一个公司，专门从事药物筛选、鉴定及毒理研究，为新药开发搭建平台。

目前，汤姆森实验室已为肌萎缩性侧索硬化症建立了 iPS 细胞模型。哈佛大学细胞研究室为亨廷顿舞蹈病在内的 14 种疾病建立了 iPS 细胞模型。

加拿大人类 iPS 细胞研究所为 11 种疾病建立了 135 个 iPS 细胞模型。最近，研究所又获得一笔资金，用来为精神分裂症、自闭症、早老综合征（患病儿童常死于老年人多见的心血管病）等疾病构建 iPS 细胞模型。

人们期待 iPS 细胞技术尽快成熟和投入产业化生产，为人类的健康长寿服务。但由于这项技术刚刚起步，还存在以下诸多问题：①以病毒作载体的潜在风险必须加以克服；②有待建立一套检验机制，确保用于人体的 iPS 细胞安全、无毒；③必须提高制备 iPS 细胞的效率等。

如果上述问题能够得到解决，iPS 细胞这项技术用于临床治疗就指日可待了。

## 人造红细胞

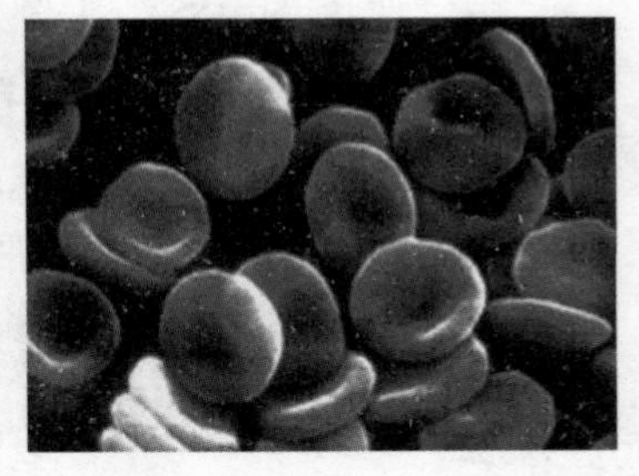

一天早上，加拿大麦克马斯特大学干细胞研究所里，年轻的博士爱娃来到实验室，她的工作是用皮肤细胞培养 iPS 细胞。像往常一样，她把每个培养容器中的细胞一一拿到显微镜下观察，突然她惊讶地发现，原本又长又薄的皮肤细胞竟然变成了圆盘状，这种形状只有红细胞才有的呀！

皮肤细胞居然变成了血液细胞，真是太不可思议了。为了验证实验的真实性，研究所的科学家们反复进行实验，换不同年龄段的皮肤样本甚至用新生儿的包皮进行试验，结果毫无疑问地证明皮肤细胞确实变成了红细胞，而且这些细胞拥有与天然红细胞一样的功能。实验相关论文发表在美国《自然》杂志上。

红细胞也称红血球，是血液中数量最多的一种血细胞。当它流经肺的时候与氧结合在一起，再把氧送到机体每一个角落；同时它又把组织中的废物二氧化碳带到肺泡，呼出体外。

红细胞不像其他细胞那样有细胞核，幼年时期它是有核的，成熟以后就变为无核了。由于无核因此中央较薄边缘较厚，呈双面凹盘状。正是这种形态使它具有柔韧性，能卷曲变形“挤过”直径仅 6～10 微米的毛细血管，之后再恢复原样。而且这种形状能使细胞表面积增大，携带更多的氧和二氧化碳。

重要的是，麦克马斯特大学的科学家们“做出来”的红细胞是无核的，是可以直接使用的。再有，如前所述 iPS 细胞需要利用病毒作为载体，把外源基因带到皮肤细胞内。病毒会把自己的遗传物质带到皮肤细胞的基因组里，使细胞的 DNA 发生改变。而无核的红细胞不存在这些问题。无核意味着没有 DNA 和染色体，因而使用起来很安全。

这项研究表明了一个观点，即成体细胞不必非要通过转化成 iPS 细胞以后才能得到人们需要的目的细胞。只要找到转化的关键因素，成体细胞的转化是可以“一步到位”的。关键在于如何找到转化方法。目前看来，彻底搞清楚促进转化的分子机制是比较困难的，需要付出大量时间和努力。

2008 年，美国科学家兰萨教授和他的同事们用诱导成体干细胞分化的办法，成功培育出成熟的红细胞。兰萨教授在许多关键环节上有重大突破。他“做出”的红细胞质量更优,不仅可以有效携氧,还能进行正常的新陈代谢。

人造血液有广泛的临床用途。首先它给白血病患者带来了福音。因为对他们而言,找到合适的配型极其不易,而用自己的皮肤细胞来造血就变得容易得多。人造血液还可以帮助癌症患者恢复健康。因为大剂量的放疗和化疗在杀死肿瘤细胞的同时也破坏了患者的血液系统,因此患者非常需要大量血细胞补给。

此外,人造血液可以缓解“血荒”的发生。很多国家都经历过血液缺乏的困境。一边是患者急需血液拯救生命,另一边则是血库没有合适的血液供应。而人造血液可以无限制地制造出来满足临床需求。它的问世将使献血成为历史。

# 第三部分

# 造血干细胞的临床应用

## 造血干细胞的特征

造血活动是生命过程中最重要的活动之一，由造血系统来执行。为了保证体内血液细胞始终维持恒定数量，造血系统必须不停地“工作”，不断生成新的细胞，以替换生病的、衰老的和已经死亡的细胞。

造血干细胞主要存在于骨髓、外周血和脐带血中。它具有两种重要的生物学特征：高度的自我更新能力和在特定条件下多向分化潜力。

造血干细胞与其他多能干细胞比较，有以下三个不同之处。

首先，在胚胎发育过程中，造血干细胞经历多次迁移。在胚胎发育2～3周时在卵黄囊，胚胎发育2～3个月时在肝和脾脏，胚胎发育5个月起到出生以后，主要产生造血干细胞的位置在骨髓。而其他多能干细胞只在固定的位置发育成特定组织。

其次，由于生理需要，造血干细胞始终处于活跃的增殖分化状态，新生的细胞不断进入外周血到达全身各处。虽然在造血系统中，造血干细胞的数量很少，仅占骨髓中有核细胞总数的0.5%，但这些为数不多的干细胞已经能够满足机体的需要了。而其他干细胞局限于相应组织器官中，在一般情况下处于休眠状态。

第三，造血干细胞具有很强的可塑性，不但可以分化为骨、软骨、脂肪、肌细胞和各种血细胞，而且还可以向胚层外的神经元细胞、肝细胞、胰岛细胞分化。而且这种分化有“入乡随俗”的特点，例如把造血干细胞移植到帕金森病患者的脑内，可以分化为神经元细胞；移植到患肝硬化患者的肝脏中，又可以分化为肝细胞。

造血干细胞的研究工作始于20世纪60年代初期，从小鼠脾集落生成实验证实了它的存在。

把小鼠骨髓细胞输注给受到致死量射线照射的小鼠，结果这只本会死去的小鼠重新获得造血能力，免于死亡。小鼠的脾脏出现许多结节，称为脾集落。脾集落里的成分是红细胞、粒细胞和巨核细胞。如果将脾集落细胞再输给另外受致死量射线照射的小鼠，仍会出现多个脾集落，每一个脾集落细胞都来自于一个原始血细胞。

实验第一次揭示了造血干细胞重建造血系统的潜力。我国著名科学家吴祖泽，利用雌雄小鼠混合骨髓移植到受致死量照射的小鼠体内使小鼠免于死亡的研究，进一步深化了人们对造血干细胞的认识。

## 造血干细胞能治疗哪些疾病

1957年,美国华盛顿大学多纳尔·托马斯把正常人的骨髓输注到患者体内,治疗造血功能障碍,挽救了患者的生命。随后,他率先应用HLA血清配型技术,为100例晚期白血病患者进行了骨髓移植,其中13例患者奇迹般长期生存,部分患者长期不复发并恢复正常生活。骨髓移植治疗方法很快便得到全世界认可,成为治疗白血病的主要手段。因为这一开创性成果,多纳尔·托马斯声名鹊起,四海皆知。

使用大剂量的放射线和化学药物也可以杀死血液中的肿瘤细胞,有效遏制白血病的发展。但是这种杀伤是“敌我不分”的,在杀死肿瘤细胞的同时也杀死正常细胞,危及患者的生命。因此无论放疗还是化疗,都不及骨髓移植,准确说是造血干细胞移植治疗白血病的效果。

造血干细胞移植治疗白血病的原理是:首先借助大剂量放疗和化疗手段,最大限度消灭患者体内恶性细胞,再输入正常的造血干细胞,被植入的干细胞在新环境中“定居”下来,分化增殖,帮助病体“重建家园”,度过血液和免疫系统经重创后失去正常功能的那一段困难时期。

造血干细胞移植是20世纪最伟大的临床医学成果。

造血干细胞移植能治疗哪些疾病?利用造血干细胞移植治疗的疾病包括:血液系统恶性肿瘤,如白血病、多发性骨髓瘤、骨髓异常增殖综合征、淋巴瘤等;某些恶性实体瘤,如神经母细胞瘤、小细胞性肺癌、生殖细胞癌等;以及非肿瘤性疾病,如骨髓造血功能障碍、重症免疫缺陷病、先天性代谢缺陷病、血红蛋白病、急性放射病等。

目前，对造血干细胞的研究又有一些新突破，如针对重症天疱疮严重并发症（双侧股骨头无菌性坏死）以及重症肌无力等疾病的治疗。随着造血干细胞移植技术的飞速发展，治愈的病种还在不断地增加。

造血干细胞移植分为：骨髓造血干细胞移植、外周血造血干细胞移植、脐带血造血干细胞移植和胎肝造血干细胞移植四种。

### 骨髓移植术

在造血干细胞移植技术中，骨髓移植最早应用于临床，也是最成熟的一项技术。它将正常人的骨髓移植到患者体内，使患者遭到损坏的造血功能得以重建。

40 年前，22 岁的女护士张秋兰，发现口鼻出血不止，到医院一查确诊为严重再生障碍性贫血。一位年轻的医生为她做了骨髓移植手术。如今张秋兰已年过花甲，早已当上祖母。那位年轻的医生就是著名的血液病专家陆道培院士。张秋兰成为我国第一例通过造血干细胞移植获得重生的患者。

骨髓存在于长骨的骨髓腔和扁平骨稀松骨质间的网眼中，是一种海绵状组织。能产生血细胞的骨髓略呈红色，称为红骨髓。人出生时，红骨髓充满全身骨髓腔，随着年龄增大，脂肪细胞增多，相当一部分红骨髓被黄骨髓取代，最后几乎只有扁平骨的骨髓腔内有红骨髓。这种变化可能与成人不需要全部骨髓造血，一部分骨髓腔造血已足够身体需要有关。当身体严重缺血时，部分黄骨髓可以变成红骨髓，加速造血以适应机体需求。

1945 年，美国在日本长崎、广岛投下两枚原子弹，死了几十万人，还有许多人受到核辐射后因造血功能破坏而死亡。面对大量激增的血液病患者，在缺乏有效治疗手段的情况下，日本医生大胆使用骨髓输注的办法进行救治，结果取得了意想不到的效果。骨髓里存在造血干细胞的事实开始被揭示出来。

骨髓移植按照提供骨髓来源的不同分为：同基因骨髓移植、异基因骨髓移植和自体骨髓移植 3 种。

**1. 同基因骨髓移植**

同基因骨髓移植是指提供骨髓和接受骨髓的两个人，基因类型完全相同。在人类，只有同卵双胞胎之间可以达到这个条件，这类移植成功率高，并发症少，但是在遗传疾病的治疗上，提供者可能存在与接受者一样的基因缺陷，使移植失去意义。

**2. 异基因骨髓移植**

异基因骨髓移植是除了同卵双胞胎以外的两个个体之间的移植。这种移植需要进行白细胞抗原（HLA）配型。只有配型相合者才能移植，配型不相合者不仅会使移植失败，严重者甚至危及生命。

HLA 是一组基因，位于人体第 6 号染色体短臂 6p21.31 区，由一系列紧密连锁的基因座位组成。每个人的基因座位都不相同，除同卵双生的兄弟姐妹以外，世界上找不到 HLA 完全一样的人。因此，它是属于每个人独有的终身不变的基因“身份证”。

人体免疫系统有识别“自己”和“非己”的特性，通过免疫反应，排除异己，保持个体完整性。

一般说来，在 6 个位点都相合的情况下，再比较 10 个小位点的相合度。相合度越高，排异反应越小。异基因骨髓移植要求至少有 4 个位点吻合，否则根本不可能进行移植。

HLA 来自父母。如父亲为 A 和 B，母亲为 C 和 D，那么子女就应该有四种可能的型别：AC、AD、BC 和 BD。所以在亲生兄弟姐妹之间，HLA 相配率为四分之一；没有血缘关系的人之间，大约 10 万人中间可能出现一个相同的配型；而在较罕见的 HLA 型别中，相合的概率甚至只有几十万分之一。

现在，中国社会“独生子女”普遍存在，一旦患病需要骨髓移植，很难在亲属间找到 HLA 相合的供者，必须到非血亲关系的社会人群中寻求帮助。因此，建立骨髓库被提到国家的议事日程上来。

由于相合的 HLA 配型难以找到，自体骨髓移植的应用日益增多起来。

**3. 自体骨髓移植**

自体骨髓移植是在患者进行大剂量放、化疗以前，采集造血干细胞存储起来，待患者接受放、化疗之后，再回输到患者体内。这种方法可以保护造血干细胞免受破坏。

日本福岛核电站出现泄漏事故后，有关专家建议参加抢险的工作人员有必要储存自己的干细胞，一旦患上放射性白血病，用自体干细胞治疗自己，既可免去寻找配型的麻烦，又不会出现异基因移植易发生的“移植物抗宿主反应”。

自体骨髓移植的缺陷在于，如果病变已经累及到骨髓，或者血液里已经存在异常细胞，就不能再用这个方法。

最近科学家研究出对移植物体外“净化”办法，能够有效去除血液中残留的肿瘤细胞。还可以用基因工程的方法，体外改造缺陷基因后再植入到体内。近四十年来，基因治疗已有长足的发展，从对缺陷基因原位修复或取代，拓展到通过基因操作，把患病基因改造成正常基因，这些办法无疑使自体骨髓移植的应用前景更加广阔。

## 白血病是怎样发生的

白血病俗称血癌，是由于骨髓在造血过程中发生了异常变化，未成熟的血细胞在骨髓和其他造血组织中不受节制地恶性增生，导致白血病发病。白血病临床表现为不同程度的贫血、易出血、易感染、不明原因持续低热以及肝脾、淋巴结肿大和骨骼疼痛。未经治疗的白血病自然病程仅三个月，死亡率100%。

从1847年德国病理学家鲁道夫·维尔肖首次识别此病到现在，一个半世纪过去了，此病的确切病因至今未明。

许多因素被认为与白血病发生有关。病毒可能是发病因素之一。现已证实，在鸡、猫、牛和长臂猿等动物的白血病组织中可以分离出白血病病毒，人类白血病病毒感染会引起T细胞白血病这一事实遂被证实。

电离辐射也有致白血病作用，其作用与辐射剂量大小和照射部位有关。日本广岛和长崎遭原子弹袭击后，发生白血病人数比正常地区高30倍。另外，某些白血病发病与遗传因素有关。双胞胎如一人患病，另一人患白血病机会为20%。化学毒物或药物也可使染色体结构改变，导致基因突变，引起血液系统癌性病变。

白血病约占癌肿总发病率5%左右。在我国，每年新增白血病约4万人。其中大多数是十岁以下的儿童。医学界普遍认为，除了家族遗传，环境污染也是白血病发生的重要原因。

北京儿童医院的医生们经过半年调查发现，在90%的白血病孩子家中，近期曾经进行过家庭装修，而且不少孩子家里还是豪华装修。

装修材料中有许多对人体危害较大的物质，比如氡、甲醛、苯、氨和酯、三氯乙烯等。其中芯板等各种贴面板中的甲醛，油漆中的苯乙烯都是国际卫生组织确认的致癌物。苯是公认的具有杀伤白细胞的物质。这些有毒物质在装修材料中缓慢释放，时间可长达3～15年之久。

人造大理石和花岗岩等材料中含氡，氡是一种放射性气体，在衰变时放出α射线，污染室内环境，对人体的伤害很大。呼吸时氡气进入肺中，久而久之引起肺癌、白血病、不孕不育、胎儿畸形等疾病。

有一个患白血病孩子的父母，谈到孩子患病过程十分自责。之前，他们买了新房子，换了新家具，冬天紧闭门窗，孩子整天呆在屋里。结果半年后患上严重白血病，治疗无效死亡。他们认定一向健健康康的孩子，在添置新房子和家具后突然患病，两者之间是有必然联系的。

置身于刚刚装修完的漂亮新家内，心中肯定充满新鲜和喜悦感，怎么会想到，装修材料后面隐藏着可怕的杀手，正一步步向人们逼近，企图夺走爱儿的健康和生命呢？

还有的白血病儿童患病前非常喜欢香味文具，据了解，香味文具中的香精，不少是用工业香精调兑而成的，其中含有苯和甲醛。长期使用香味文具会造成慢性苯中毒，引起人体造血功能和免疫功能损伤，继而引发白血病。

美国研究人员发现，在515名儿童和青少年中，经常食用熏肉、香肠、腊肠和咸鱼等经过处理的肉类食品，患白血病的概率比一般人高出74%，因为这些食品在加工过程中，添加了一种亚硝酸盐的化学物质，引发致癌物亚硝胺的产生。

## 为爱而生的中华骨髓库

所谓骨髓库，就是对志愿者的血液进行 HLA 分型以后，将其资料录入网络计算机数据库中。那些需要骨髓移植的患者，到骨髓库中把自己的 HLA 资料与志愿者进行比对，如果配型相合，就可以接受志愿者骨髓捐献。

中华骨髓库建于 1992 年，截至 2013 年底，总库存量已达到 166 万多份，成功捐献造血干细胞 3308 例，已成为世界第四大骨髓库。不仅为国内民众骨髓移植服务，还帮助美国、英国、瑞士、新加坡、阿富汗、韩国及中国台湾和香港地区的两千余位白血病患者找到相合的捐赠者并成功地实现了捐献。

第一个捐献造血干细胞的是上海志愿者孙伟，她帮助一位患急性淋巴细胞白血病的儿童恢复了健康。二十年过去了，患病儿童已长成一个大小伙子，孙伟本人也结婚生子，身体状况良好。

到目前为止，我国已有三千多位奉献者在没有任何压力和回报的情况下，以自己的造血干细胞救治那些从不相识的患者。虽然造血干细胞是可以再生的，但从生命的角度，它又是人体极其宝贵的成分。捐献者的行为彰显了一种超越家庭，超越国界，面对整个人类的大爱之心。

十年前曾发生过这样一件事：一个大学老师得了白血病，学生们十分敬重这位老师，听说只有造血干细胞才能挽救老师的生命，他们纷纷挽起袖子，要求捐献造血干细胞。但是事先声明，他们的血是献给敬爱老师的，如果与老师配型不成功，将收回自己的检验报告单。

他们的要求理所当然被拒绝了。理由很简单，中华骨髓库是为大众建立的公益性服务机构，面向所有需要救治的患者，不是只为某一个人服务的。

在我国，每年至少有400万需要骨髓移植的患者，但是每年到中华骨髓库查询的患者仅6千余人，最后实现移植的约5百余人。为什么移植成功比例如此低呢？

因为我国是一个多民族遗传基因多样性的国家，尽管中华骨髓库的库容量很大，在世界上都名列前茅，但还是不够用。每年因找不到合适配型无奈走向疾病终末的患者远远多于获救者。

中华骨髓库呼吁更多的公民加入到志愿者的行列中来，志愿者越多，库存量越大，患者找到相合配型的机会就越多，生机也就越大。

移植成功率低的另一个原因是移植费用太高，有些患者因为拿不出几十万元的治疗费，即使检索成功了也不得不放弃治疗。

四川万源市一名6岁小女孩患白血病，因为家里贫困，无钱治疗只好放弃。天真的小女孩获知这一切，嘱咐爸妈说等她死后，把她最心爱的布娃娃送给幼儿园老师。

我国前卫生部部长陈竺在十一届全国人大四次会议举行的“医改”新闻发布会上表示，儿童白血病医药费报销工作即将向全国普遍推开，困难家庭将获90%甚至更高补偿。

据了解，此前我国仅北京市将造血干细胞移植纳入基本医疗保险（最高报销30万元人民币），其他省市尚未实施。现在国家要为所有造血干细胞移植的患者“买单”了，这无疑是雪中送炭的好消息，将使更多患者受益。

## 小凯丽的新生

有一位小女孩名叫凯丽，今年 13 岁了。你看她高高的个子，长长的黑发，脸上挂着甜美的笑容，多么健康美丽的女孩！有谁会相信她曾经患白血病濒临死亡，小小年纪经历了常人没有的坎坷曲折呢？

凯丽是湖南常德的一名弃婴，出生几个月就被父母遗弃了。1 岁时被一对美国夫妇收养。不幸的是 5 岁那年患再生障碍性贫血，流起鼻血来几个小时都止不住，做化疗后满头头发都脱光了，不得不佩戴假发。善良的养父母为了给她治病，卖掉了自己的别墅，离开新墨西哥州老家和亲生的 3 个孩子，带她到医疗和生活条件都相对好些的海滨城市生活。养母琳达甚至放弃了从事了 20 年的律师工作，专门在家照顾她。

造血干细胞移植是目前医治再生障碍性贫血最有效的办法。可是美国骨髓库里找不到与凯丽相合的配型，为了抢救她的生命，养母先后两次来到中国，向中华骨髓库求助。甚至亲自到湖南寻找凯丽的生身父母，结果令他们失望而归。

凯丽的资料一直保存在中华骨髓库，细心的工作人员每天在新入库的志愿者中进行检索，为凯丽寻找相合的配型。直到 2005 年，当中华骨髓库的库容量达到 30 万份的时侯，这个人终于出现了，他是浙江一家医院的医生名叫汪霖。

汪霖很痛快地应允了中华骨髓库的请求。当他躺在北京医院的病床上为凯丽捐髓时，他的妻子正躺在家乡的病房里即将临盆。为支持丈夫的善举独自承受孤独和痛苦。当汪霖的一袋造血干细胞飞跃太平洋上空直达美国时，他的妻子终于生下一个 8 斤重的胖儿子。

凯丽的干细胞移植术很成功。半年后病情得到了有效的控制。后来为了巩固疗效，汪霖又进行了第二次捐髓。汪霖的两次相救使凯丽完全摆脱了疾病的纠缠，恢复了健康。

不幸的凯丽是万幸的，在她的生命里程中不仅遇到了爱她的养父母，也遇到了用自己的造血干细胞倾力相助的“贵人”。

然而在世界范围内，捐献者与患者配型成功后又反悔的事是经常发生的。在美国，一名女性患者遭遇 4 名配型成功的志愿者拒捐最终死亡。甚至在亲生的兄妹之间也有拒捐的情况。先前答应捐髓的人，在关键时刻放弃了，溜掉了，只能眼看患者的病情迅速恶化，一步步走向死亡。而凯丽是幸运的，因为她遇到了好人汪霖。

在这里建议捐献者如果拒捐一定要早作决定，如果患者已经开始清髓就不可以反悔了。因为在移植前，患者开始接受大剂量的化疗和放疗，在原有造血系统被彻底摧毁而新的造血系统尚未建立起来之际，对外界是毫无抵抗力的，只能住在无菌病房里依靠医疗手段维持生命。如果捐献者此时反悔，急切之间又找不到可以替代的人，患者的生命将面临巨大威胁，能否熬过生死关很难预料。

自愿的原则一直都是干细胞移植遵循的准则，但鉴于移植前患者必须清髓这一特殊性，拒捐只能发生在清髓前，清髓后就不能再拒捐了。其实捐献造血干细胞无损健康。一至二周以后，捐献者血液中的各种血细胞就能恢复到原来水平。同时捐献过程也很安全，至今没有发生过一起对捐献者造成伤害的事故。捐赠者大可不必担心和恐惧。捐献造血干细胞是一项与己无害、与人有利、功德无量的慈善事业，希望更多的好心人用这种方式让生命在爱的奇迹里延续。

## 一名志愿者的故事

江苏某医院病床上，一名白血病患者正在接受造血干细胞移植。当一滴滴殷红的造血干细胞悬液滴入血管时，患者和他在门外等待的家人眼中充满了泪水。

这一刻他们等得太久了，7 年，整整 7 年啊！他们一直等待配型相同的捐献者，今天终于等来了。此时此刻，他们无比感激他们的救命恩人——远在河南的捐献者。正是他的善举使身患绝症的人有了重生的希望。

捐献造血干细胞的人叫何继东，今年 33 岁。一米七八的个头，腼腆中透着坚毅，平和中蕴藏着质朴和善良。

说起这次捐献，何继东介绍说，他三岁时，奶奶患白血病去世了，当时还年幼的他，现在还依稀记得奶奶病重时的痛苦表情。对患者的同情心自那时起就深深地植入他的心底深处。

一次，单位组织职工参加捐献造血干细胞活动，他马上报了名，成了中华骨髓库一名志愿者。从此后，他天天盼望着自己的捐献梦变成现实，可是一直没有机会。2006 年，终于与一位白血病患者低配相合，后因高分不合而终止，这让他感到十分遗憾。

2010 年，机会终于来了。何继东接到了与江苏一名患者配型相同的通知，他高兴极了，万分之一的概率居然被自己碰上了，不能不说是缘分。当他把自己要捐献的决定告诉家人时，家里人非常支持他。父亲说："孩子，你付出的是勇气，挽救的却是另一个人的生命，爸爸支持你。"

接下来，何继东做进一步检查。抽取高分辨血样，结果相合。但是体检结果却有一项不符合捐献要求。他没灰心，经过一段时间锻炼后，又偷偷跑到医院进行了复查，结果这次合格了。于是，他兴奋地拿着复查结果找到工作人员说："我复查合格了，请安排捐献吧。"

7月19号这一天，何继东躺在医院采集室病床上，开始造血干细胞的采集。看着自己的血液缓缓流入血细胞分离机。机器的另一端是离析得到的淡红色造血干细胞悬液，这一小袋悬液将是另一个年轻生命的希望，那一刻，他感到很欣慰，因为他实现了自己多年的愿望。

何继东的善举在社会上产生了积极影响，河南省红十字会副会长何传军前往医院看望他，送去了鲜花和捐献造血干细胞荣誉证书。何继东单位的领导专程赶到医院进行慰问并接他返程。同时作出决定，号召全体职工向他学习，学习他无私奉献的精神。

当有人问何继东他对这次捐献有啥想法时，他腼腆地一笑说："捐献只是我生活中的一件平常事，过去就过去了。要说想法，就是想用切身体会告诉大家，对一个健康人来说，捐献造血干细胞对身体健康没有什么影响。"

## 移植会影响性别和性格吗

15岁少年峰峰患白血病，接受了造血干细胞移植。为他捐献造血干细胞的是某医院年轻的护士韩露女士。

移植后第12天，医生们在峰峰的血液里发现了新生的白细胞，移植后第17天，发现了与捐献者韩露血型一致的红细胞。

原来通过移植术，峰峰的O型血转换成了韩露的B型血。峰峰造血干细胞的性染色体由原本男性的XY型换成了女性的

XX 型。这一转变证明移植术非常成功。韩露的造血干细胞已在峰峰的体内“生根发芽”。

峰峰的妈妈一听着急了，赶紧问医生“性染色体由男性变成女性，会影响孩子的性别以及今后的生育吗？”

“不会的。基因改变只在血液上，对身体的其他部位并无影响，峰峰将来的生育也不会因此产生障碍。不过，血型改变可能会影响性格，且年龄越小，改变会越大。”上海市红十字会造血干细胞捐赠志愿者俱乐部秘书长如是说。

每个人都有属于自己的血型，它是与生俱来的，具有十分稳定的性质，就像身份证一样伴随人的一生。然而进行造血干细胞移植以后，血型会发生改变，患者原有血型变为供者血型。

研究表明，血型与性格有一定关系。一个人的气质风度和谈吐举止很大程度来自于生物遗传，而血型在一定程度上可以决定个性。比如 O 型血的人，性格一般比较热情、坦诚、自信和讲义气，办事雷厉风行；B 型血的人聪明，喜爱有条理、一目了然和准时等。各种血型都有其特点。当然这也不是绝对的。因为一个人性格的形成除了受生物遗传因素影响外，还受生活环境以及周围人和事的影响，使得每个人的思维方式和行事为人都各有不同。

## 外周血干细胞移植

正常生理条件下，外周血中只含极少量造血干细胞，不能满足临床移植的需要。但是注射一种细胞“动员剂”以后，会加速骨髓造血干细胞生成并释放到外周血中，使外周血造血干细胞激增 20～30 倍，这时采集到的干细胞足够移植使用。

外周血干细胞移植与骨髓移植相比，具有十分明显的优势。

其一，采集外周血干细胞安全方便，易于被供者接受。而骨髓干细胞移植要在麻醉状态下行骨髓穿刺术，或者在骨上凿孔采集，不仅痛苦还可能带来并发症。现在这种方法在我国基本不再使用，而采用从外周血中获取造血干细胞的方式。

其二，外周血干细胞移植后造血和免疫功能恢复快，急性排斥反应少而轻。近年来，这一方法大有取代骨髓移植之势。

患者接受造血干细胞移植前，要作“清髓”处理。经典的方案是每公斤体重给予环磷酰胺 60 毫克，连服三天，同时大剂量放射线一次或多次全身照射。“清髓”目的在于：①清除患者骨髓细胞，为正常造血干细胞入驻腾出空间；②彻底抑制免疫系统，避免移植后出现排斥反应；③把肿瘤细胞“赶尽杀绝”，以达到根治疾病的目的。

患者“清髓”以后，免疫功能完全丧失，对病原微生物没有抵抗力，一旦发生感染，将出现严重后果。因此，此时患者需要进入无菌层流病房，所有医疗和生活用品，包括食品均需严格灭菌后再送入病房，同时口服抗生素对肠道进行消毒，医护人员进入病房要穿戴隔离衣。

患者“清髓”的时侯，也是捐献者注射“动员剂”的时候。供受双方同时进行移植准备。动员剂名为粒细胞集落刺激因子，它是调节骨髓中粒细胞造血的主要细胞因子，也是正常情况下人体内存在的生理物质。动员剂除能增加外周造血干细胞数量外，对人体健康没有危害作用。

连续注射 4 天动员剂后，骨髓中的造血干细胞充分动员到外周血中，进入血液循环，这时就可以采集造血干细胞了。

采集时，捐献者躺在床上，两只胳膊的静脉血管上都插着针管，血液从一只胳膊的血管流入血细胞分离机，经过离心分离把造血干细胞提取出来，其余的血液则从另一只胳膊的血管流回到体内。全身血液如此循环两遍，约4小时，便可以采集得到约100毫升的造血干细胞。

据多年临床观察和报道，至今没有因采集外周血引起捐献者受到伤害的案例发生。采集完成后，一些轻微疼痛感和不适将很快消失，也不需要作任何额外的休息和调养。

采集到的足够量的造血干细胞悬液会尽快输入患者体内。同时注入造血细胞生长因子，促进造血干细胞在骨髓中植入。如果移植成功，2～3周内，患者造血功能恢复，血象逐渐回升至正常，性染色体、HLA抗原、红细胞血型等指标均转为与供者相同的表型。

自从首例外周血干细胞移植治疗急性淋巴细胞白血病成功以来，20多年过去了，这项技术已经成为现代医学中不可或缺的重要工具。

## 不是亲人胜似亲人

2011年，湖北武汉举行了一场别开生面的造血干细胞捐受者见面会，在捐受双方都同意见面的前提下，有关方面组织了这次活动。16名捐受者在现场第一次相认。他们紧紧地握手和拥抱在一起，无限的感激和祝福之情贯穿始终。尽管窗外劲吹着冬日凛冽的寒风，会场内涌动的激情却让人感觉春天已经提前到来了。

安徽男孩陈姚的母亲拉着捐赠者郭霏的手不停的地说“谢谢”。她不能忘记当孩子被诊断患白血病那一刻全家人痛苦和绝望的心情。当时,他们卖了房子坐上去北京的火车,一路上心都是悬着的,不知孩子能否治好。终于有一天,医生告诉他们说找到配型了,陈姚有救了,他们的高兴简直无法用语言表达。那种终于找到希望的感觉是一辈子都忘不了的。

会场上,患者白伟和他的家人围着救命恩人肖磊亲热得不得了。肖磊曾两次为白伟捐献造血干细胞。第一次捐献由于细胞没能正常生长而失败了。难道让肖磊再捐一次?白伟和他的家人感觉开不了这个口。

没想到肖磊得知这一消息后,主动要求再捐献一次,第二次终于移植成功了。在茫茫人海中,能找到配型成功的人已属不易,而这个人居然如此大恩大德,愿意与他们一次又一次分担忧患与不幸,他的壮举怎能不令患者一家人感激涕零?!会场上,白伟的奶奶一次次抱着肖磊,激动得久久不愿松手。

湖北孝感学院的大学生田强也来到现场。这位 21 岁志愿者的血型正好与上海 12 岁的白血病患者东东相合。但是,田强接到通知捐髓的时间正好与学校考试相冲突。是选择参加考试还是去捐髓救人?田强思考良久。最后他决定救人。因为考试耽误了还可以补考,可是如果患者失去了生命就再也无法挽回了。

接受他捐献的东东由于正处在排异治疗期,没能来到会场。他给田强寄来一封信。信上说:“亲爱的田强哥哥:你和我本不相识,你可以选择不救我,但你决定来救我,这份爱是如此强大。等我好了,一定要来看你,拥抱你。大声喊你一声哥哥。”

患者东东的父亲告诉田强,他也像田强一样成为中华骨髓库一名光荣的志愿者了。他渴望有机会和患者配型成功,用自己的热血为别人带来新生。

## 新生儿送给社会的见面礼

新生儿从母体诞出时，被剪掉的那一段脐带里残留的血叫脐血。它是连接母亲和胎儿的桥梁，母体的营养物质通过脐带进入胎盘，再输送到胎儿体内。胎儿娩出后，胎盘和脐带往往作为废物被丢弃。

近年来发现，脐血里含有比骨髓细胞更丰富、更原始以及扩增能力更强的造血干细胞，如果将其保存下来可用于白血病等疾病的移植治疗。我国每年约有 1200 万婴儿出生，这就意味着，他(她)们的出生将奉献给社会 1200 份治病救人的“礼物”。

1988 年，法国医生利用脐血，根治了一名患范可尼贫血症的 5 岁儿童，其后，法、美、澳等国又陆续对另外几名范可尼贫血症和其他几种疾病的儿童进行了脐血移植，绝大部分治疗获得成功。脐血的应用价值逐渐被挖掘出来。我国最早实施脐血移植是在 1998 年，手术使一名地中海贫血患儿得以痊愈。时至今日，全球采用脐血干细胞移植技术治疗的病例已超过 2 千。

脐血中的淋巴细胞大部分为幼稚型 T 淋巴细胞，功能不成熟，免疫反应较弱，这一特点决定了：即使供受者 HLA 不完全相合也可以移植，这是显著优于骨髓移植的地方。只要有 1～2 个 HLA 位点相同就可以用于临床，这意味着只需拥有 4000 份规模的脐血库就可以满足常见 HLA 型汉族患者的临床需求。

由于脐血移植对 HLA 配型要求不高，它的配型成功率比骨髓移植高出 10 倍以上。而发生排斥反应的可能性却比骨髓移植少，且严重程度轻许多。对于急需移植的患者来说，脐血移植降低了寻找供者的难度和时间。

一半以上成年人的白细胞中存在一种“细胞肥大病毒”。这种病毒对正常人无害，但对于移植者，因为其免疫系统受到抑制，任何病毒入侵都可能是致命的。

由于移植带来的细胞肥大病毒感染，导致接受移植患者中10%死亡。而新生儿中只有1%在子宫里感染这种病毒，因此，脐血比其他几种方式的干细胞来源更纯净和安全。

脐血以实物冻存在液氮罐中，一旦配型成功立即可以使用，节省了寻找供者的时间，这也是优势之一。

随着脐血应用不断增多，世界各地相继建立了脐血干细胞库。目前，全球已有200多家脐血干细胞库，用于临床治疗的脐血超过1.5万份。

总投资1.2亿元人民币建立的北京脐血库是目前世界上库存量最大的脐血库，2009年4月在北京经济技术开发区落成并投入使用。建筑面积近万平方米，库容量达到50万份。这是一笔巨大的财富，用好这份资源，可以帮助成千上万的重症患者摆脱疾病的阴霾。

脐血储存分自体库和公共库两种，公共库为市民自愿捐献，用于任何有需要的患者，不需缴纳保存费用。自体库是为自己保存脐血，需要缴纳一定费用。

自体脐血储存究竟有多大使用价值？医学界对这一问题曾一度颇有争议。更多意见倾向自存脐血不如捐献有意义。

首先，保存脐血不但需要一次性支付一笔费用，之后每年还要向脐血库缴纳保管费用。虽然保管费用不高，但若以20年计算的话，也是一笔不小的开支。而且目前脐血主要用于恶性血液系统疾病，从概率上讲，患上相关疾病在二千分之一到二万分之一，单从为孩子购买一份保险的角度出发，还不如购买其他健康保险更实惠。

再有，不是所有的造血干细胞移植都能使用自身脐血治疗。如果患先天性血液病，比如地中海贫血，脐血中很可能含有白血病前期细胞，这种脐血根本没有保存价值。

资料表明，在白血病患者的血液里有一种 ALL－1 的异常基因，在胎儿时就存在。另有资料表明，10 岁时诊断为白血病的儿童，在胎儿和新生儿时期血液里已经存在白血病细胞。至于儿童遗传病，由于 DNA 的基因发生突变，同样不能用自体脐血进行治疗。

脐血保存在－196℃液氮中，在这样低的温度里，细胞处于休眠状态，可以较长时间保存。但是其中的活性成分究竟能保存多少年不被破坏？理论上讲，储存 10 年内的脐血还可以使用，更长的时间就无法判断了，因为这项研究至今才十几年时间。但有一点可以肯定，越新鲜的脐血，效果越好。

美国一家专门为个人保存脐血的公司，因为保存质量不好，移植后效果不理想打了几次官司，几乎倒闭。因此美国 15 家脐血库现在都不做自体脐血保存业务。

脐血干细胞移植以其独特的生物学特性和资源优势，弥补了骨髓及外周血干细胞移植的不足，成为造血干细胞移植中的一朵奇葩，正发挥出越来越巨大的潜能和作用。

## 为干细胞生孩子的母亲

20 世纪 90 年代，出现了用新生儿干细胞拯救同胞哥哥或姐姐的现象。在美国加利福尼亚州，19 岁的安妮莎患了白血病，需要进行骨髓移植治疗。她唯一哥哥的骨髓与之不匹配，骨髓库里又找不到相配的骨髓。焦急万分的父母接受医生的建议，再生一个孩子，用这个孩子的骨髓救安妮莎。

为了使下一个孩子的骨髓与安妮莎匹配，她的父母必须采用体外受精的办法，医生从一群早期胚胎中挑选出与安妮莎HLA相合的胚胎植入她母亲的子宫，经足月怀胎后，一个与安妮莎骨髓完全一样的孩子诞生了。等孩子长到两个月大时采集她的骨髓给姐姐，用这个方法安妮莎终于得救了。

后来这个方法被广泛效仿，生病孩子的父母通过体外受精的办法再生一个婴儿，用婴儿的骨髓或者脐带血挽救大孩子的生命。在妈妈怀胎十月的时间里，医生用化疗和放疗的办法尽量延续病孩的生命，等待救援那一天的到来。

几年前，我国大连一位39岁的妇女，登报寻找已经离婚10年的前夫，只因他们的女儿患了白血病，在找不到相合骨髓的情况下，只得按医生的指点再生一个孩子，以获得新生儿的脐血。

一个母亲为了救孩子，置自己的家庭和对方家庭于不顾，要求与前夫再生一个孩子，这样做是否合乎道德？这个问题引起了社会上的广泛争议。

有人认为，这种做法不道德。首先对于新生儿不公平，他或她的出生是充当药引子用的，是为了别人的生存而来到这个世界的。把人当零部件仓库的做法是对生命的不尊重。父母救孩子可以牺牲自己，但没有权利要求另一个生命也这样做，哪怕是自己的孩子。何况，这位母亲与前夫已经没有关系，她的前夫也组建了家庭，这样做会伤害到两个家庭。

但有人不这样认为：怎么能够去指责这位可怜的母亲呢？她愿意放下所有的尊严哀求前夫与她生孩子，也不顾及人们说三道四而一意孤行，这是伟大母爱的表现。天下的父母没有不爱自己孩子的，看到孩子身患绝症病入膏肓，任何父母都会全力施救，哪怕去赴汤蹈火！在当前医疗技术条件下，白血病只能通过干细胞移植来根治，让她除了生孩子还能怎么办？

这位母亲的愿望到底也没能实现，因为她的前夫始终不愿现身。

在我国，儿童白血病的发病率呈上升趋势，每天都能看见患儿父母悲伤的眼泪。如果有更多的志愿者加入到捐献造血干细胞的队伍中来，如果骨髓库和脐血库的容量再大一些，如果患者配型成功的概率再高一些，如果科技发展的步伐再快一些，也许这样的人间悲剧就会减少一些甚至完全消失。

## 废物脐血变成宝

脐血作为一种新的造血干细胞供源，治疗儿童白血病已经得到广泛认可。但是用于成人移植却受到限制，因为单份脐血含量太少，其中的造血干细胞数量不足，不能满足体重 40 公斤以上患者的需要。为了解决这一难题，专家学者们尝试了许多办法。

布洛克·米依尔提出，用体外培养使其扩增的办法来增加单份脐血的数量，取得了一定效果。

我国裴雪涛教授的实验也卓有成效，他将纯化后的脐血 CD34 阳性细胞植入液体培养体系中，与造血生长因子共孵育，数周后，细胞总数可扩增 500 倍。

军事医学科学院基础研究所张毅等人将脐血 CD34 细胞与胎盘间充质干细胞共培养，扩增后的脐血干细胞基本能满足成人移植的需要。

用双份脐血移植是否可行?

中国工程院院士陆道培对2例白血病患者施行双份脐血移植,其中一例为急性淋巴细胞白血病患者,另一例为慢性粒细胞白血病。两位患者均获得造血重建。移植后通过34与30个月随访,他们都达到长期无病生存。创造了国际上首次双份脐血移植成功的业绩。

国外巴克等人给23例成人恶性血液病患者进行双份脐血移植治疗。术后一年,长期无病生存率为57%。

实践表明:双份脐血移植后,形成供一供受体嵌合体,联合完成机体造血和免疫重建功能,效果比单份脐血移植好,且更容易植入成功。术后复发率也明显降低。虽然其机理还不十分清楚。

临床上,脐血移植是通过静脉注射完成的,造血干细胞随着血液循环到达骨髓后,停留在那里发挥作用。

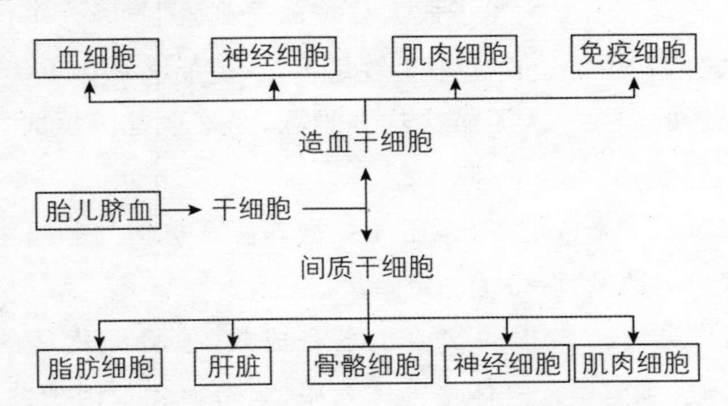


由于注入的干细胞不能保证百分之百到达骨髓,有些细胞会粘附在血管壁上造成浪费现象。针对这一情况,陆道培院士创造性地用一根导管,把造血干细胞直接输入到主动脉中段,让有限的脐血得到充分利用。看似极普通的一根导管却运用得恰到好处,大大提高了移植的成功率。

专家们预言,未来的脐血库不仅仅只是储存脐血的仓库,而是集采集、加工、大规模生产和安全检测于一体的“现代化工厂”。本来是废物的脐血在这里变成宝藏,应用到造血干细胞移植、基因工程、成分输血、免疫治疗等各个领域,为人类的健康事业造福。

## 羊水的新用途

羊水是胎儿在母体里生长时充盈于子宫内保护胎儿的液体物质。美国科学家率先发现羊水中蕴含着丰富的干细胞。把它提取出来进行培育,可以得到人类需要的任何一种细胞种类。而且,羊水干细胞的品质丝毫不逊色于胚胎干细胞。它的出现为人们获取干细胞又提供了一条新的途径。

取羊水是医生们常用的检测手段,不会伤及母亲和胎儿。在美国,每年有 400 万婴儿出生,其中只需留取 10 万个羊水样本,就可以满足 99%的美国人干细胞移植的需要。

研究者们尝试把羊水干细胞培养成神经细胞,植入患退行性脑病的小鼠大脑中,发现这些细胞生长良好并逐渐向病变部位移行;把羊水干细胞培养成骨细胞或肝细胞时,它们可以在小鼠体内长成骨组织或肝组织。同时,羊水干细胞还可以“制作”肌肉、骨骼、血管、脂肪等组织,通过特殊的功能测试,证明这些组织具有重要的临床治疗价值。

瑞士医学专家用羊水干细胞培养出人类心脏瓣膜。这项技术为先天性心脏瓣膜病的孩子带来希望。医生首先通过提取孕妇羊水进行检测,判断胎儿是否患有先天性心脏瓣膜病,然后用羊水干细胞做心脏瓣膜待用。胎儿出生后，立即为他们进行瓣膜移植。让新瓣膜和孩子的心脏一起长大，达到完美修复组织器官的目的。

据统计，全世界每年有 100 多万先天性心脏病患儿出生。羊水干细胞制造心脏瓣膜的技术的确大有用场。

羊水干细胞的发现使先天性缺陷病儿童又多了一条治疗途径。即先把病孩母亲的羊水冷冻储存起来，在适当的时候，提取其中的干细胞，经过增殖分化成需要的细胞类型，然后为病孩进行细胞移植。这种治疗方式的最大好处是不用担心发生免疫排斥反应。

与胚胎干细胞相比，羊水干细胞更容易分化为各种组织，而且表现出较低免疫原性和致瘤性。低免疫原性可能与妊娠过程中机体免疫受到抑制有关。而低致瘤性的原理却尚不明了。将来，如同建立脐血干细胞库那样，建立一座人类羊水干细胞库，可望成为同种异体间干细胞移植的稳定来源。

## 间充质干细胞

间充质干细胞主要存在于骨髓中，比例很低，平均十万个有核细胞中仅含 1～2 个间充质干细胞，随着年龄增加，数量会更少。传统观点曾认为间充质干细胞作用轻微，只是支持造血功能，为造血干细胞增殖提供微环境的，后来发现它的作用

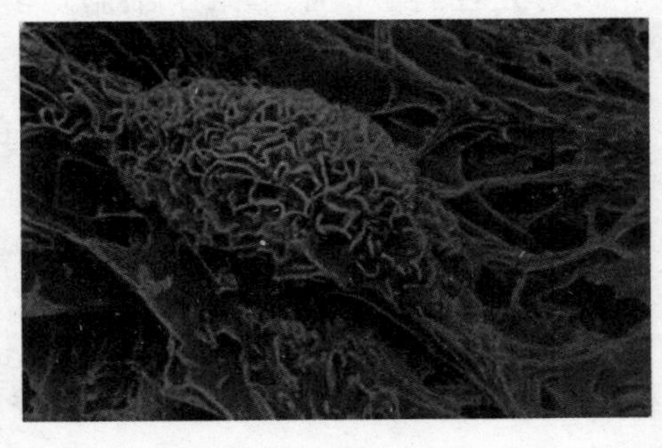

远不止此。

间充质干细胞是一种专能干细胞，它具有干细胞的所有共性，即自我更新和多向分化能力。目前在临床应用也最多，与造血干细胞联合应用，可以提高移植的成功率，加速造血重建。当患者接受大剂量化疗后，将间充质干细胞与造血干细胞一同输入，可明显加速患者血细胞恢复时间，且安全无不良反应。

间充质干细胞不仅存在于骨髓中，也存在于骨骼肌、骨外膜和骨小梁中。由于它分化的组织类型十分广泛，因此临床应用价值不菲。

间充质干细胞可以分化为骨、软骨、肌肉或肌腱，为临床治疗各种创伤提供细胞来源；间充质干细胞还可以分化为心肌组织，在显微镜下，能观察到心肌组织中的细胞株出现自发搏动；用间充质干细胞分化为真皮组织，可覆盖于烧伤创面。

如果在培养基中加入地塞米松作为诱导剂，可以促使间充质干细胞生成骨及脂肪细胞；加入两性霉素 B，则使间充质干细胞生成肌肉细胞；加入皮质醇可以诱导间充质干细胞分化为成骨细胞。而在神经生长因子作用下，间充质干细胞又可以分化为神经元和神经胶质细胞，为治疗中枢神经系统损伤提供细胞来源。

研究人员做了一个试验，他们把人的间充质干细胞注射到大鼠的脑中，经过 72 天后发现，约 20％的植入细胞在脑中存活，并沿着植入的路径向前迁移，最终分布于全脑，表明间充质干细胞在脑中有很强的生存能力。

在大鼠脊髓损伤实验中，间充质干细胞可以明显改善病鼠的运动功能，促进受伤脊髓渐渐修复。

间充质干细胞的另一个重要作用是调节免疫反应治疗自身

免疫病，如红斑狼疮、多发性硬化症等，或用于移植物抗宿主反应。从目前结果看，治疗效果显著。

间充质干细胞取材方便，用简单的骨髓穿刺技术就可以获得。可以取自自身，不存在组织配型及免疫排斥问题。

即使来源于异体的间充质干细胞，其免疫原性也很弱，一般不会引起严重反应。而且，间充质干细胞增殖能力强，容易在体外培养，经 30 多次传代培养后，仍能保持正常形态和端粒酶活性，其表型和分化潜能都没有明显变化。由于充质干细胞具备以上优点，使它成为当前干细胞研究中的宠儿，越来越受到人们青睐。

## 半相合骨髓移植术

小祝芙 6 岁了，是个乖巧伶俐的小姑娘。她会跳舞还会弹钢琴，真是人见人爱。不久前妈妈发现，小祝芙变了，不爱说也不爱笑了，老是一个人坐在那里发呆，走起路来跌跌绊绊的，弄不好就摔倒在地，到最后连吞咽都出现了困难。小祝芙她怎么啦？

父母赶紧带女儿到医院检查，检查结果是孩子患了一种罕见的疾病——异染性脑白质营养不良症。这种病属于遗传性疾病。22 号染色体上的基因出现突变，导致身体内白细胞不能分泌一种酶（芳基硫酸酯酶），使脑硫酯水解受阻，大脑因代谢异常而发生退行性病变。这种病发病初期表现为感情淡漠，行动障碍，晚期出现痴呆、失明、四肢瘫痪等。此病预后不佳，死亡率高，除了对症治疗外尚无有效的治疗方法。

小祝芙的父母伤心极了。他们怎么也接受不了眼前的事实。于是带着女儿四处求医，最后来到北京空军总医院。

医生们也是第一次见到这样特殊的病例。为了挽救孩子的生命，他们查阅了大量的文献资料，发现国外有骨髓移植治疗该病的报道。于是决定也采用这种办法，为祝芙植入新的造血干细胞，替换掉有基因缺陷的血液细胞。让植入的健康细胞为脑白质提供正常代谢所需要的芳基硫酸酯酶。

可是中华骨髓库中找不到与小祝芙匹配的骨髓。由于小姑娘是独生女，也没有兄弟姐妹可以相助。此时祝芙的病情愈发沉重，痴傻的症状一天比一天明显。怎么办呢？医生们决定为患者采用半相合骨髓造血干细胞移植术。

所谓半相合骨髓造血干细胞移植，就是供髓者的白细胞抗原只有一半与患者相同。从遗传学角度来说，每个孩子与自己父亲或者母亲的骨髓有一半相合。如果半相合骨髓移植可行，孩子的父母就可以充当捐髓人。经过检查，医生确定让母亲为祝芙捐髓。

2010年7月21日，祝芙接受了大剂量化疗，体内不健康的白细胞被彻底清除。她的母亲躺在另一间手术室里，为女儿捐出了骨髓干细胞。经过治疗，小祝芙体内的芳基硫酸酯酶逐渐恢复到正常水平，智力和运动能力不断好转。小祝芙终于得救了。

至今，北京空军总医院已完成300余例半相合骨髓移植术，其疗效几乎接近全相合骨髓移植。这项技术是造血干细胞移植的重大突破。解决了临床缺乏供髓者的燃眉之急。

一直以来，患者因为难于寻找合适供者而失去生存希望的大有人在。如果HLA位点部分不合也可以移植，患者就多了一条救命的渠道，那就是父母。对于那些没有兄弟姐妹，在骨髓库中又找不到适合配型的患者，这是一条多么珍贵的新生之路啊！

目前，半相合骨髓造血干细胞移植已得到广泛推广和应用。其安全可靠性良好，唯一需要改进的是降低费用，减轻患者经济负担的问题。

HLA 半相合移植体系的建立，标志着我国造血干细胞研究已经达到较高水平。

### 胎肝移植的创始人

胎儿发育到 3～4 个月期间时，造血器官主要在肝脏，这一阶段胎儿肝脏中富含造血干细胞和促进造血的各类细胞因子。胎肝干细胞的增殖能力明显强于来源于骨髓的干细胞。

世界上第一例应用胎肝移植获得成功的科学家是中国科学院院士吴祖泽。

吴祖泽大学毕业后，参军入伍成为一名职业军人。从事核武器医学防护的研究工作。中国第一颗原子弹爆炸成功的时候，吴祖泽就在爆炸现场，为执行任务的飞行员做身体检查。为了防止爆炸时强光刺激，吴祖泽研制了抗辐射眼镜，带上这种眼镜可以避免光辐射引起的眼底灼伤。

20 世纪 60 年代初，正是“文化大革命”期间，被“打倒”的著名生理学家朱壬葆院士从图书室角落一堆乱糟糟的资料里找到一份英文文献，是关于造血干细胞治疗辐射损伤的。朱壬葆把这份文献交给吴祖泽，让他好好研究。

看到国外干细胞研究卓有成效而我国还是空白，吴祖泽焦急的心情再也平复不下来。他意识到：没有一流科技成果的民族，就没有国际舞台上的地位。他开始通宵达旦看资料，决心在这个重要的领域振兴祖国干细胞研究事业。

1972年英国首相访华，与我国签订了互派学者进修的协议。吴祖泽作为新中国第一批派往西方的学者进入曼彻斯特一家研究所，在著名血液学家莱托教授指导下进修细胞动力学。在一年半时间里，吴祖泽边学边写，撰写了30万字的《造血细胞动力学概论》一书，这是中国第一部介绍血液基本理论和实验技术的专著。

从英国回来后，他在自己亲手改装的实验仪器上取得了第一批造血干细胞。以后，他发表了5个月胎肝中含有最丰富造血干细胞的论文，完整提出了胚肝发育中造血干细胞的动态变化规律，为临床开展胎肝移植提供了理论依据与技术准备。

不久，南方一家研究所里，一位年轻技术员误入放射性钴实验室，遭到致死量辐射损伤。全身造血系统彻底被破坏了，死神随时会将他带走。

吴祖泽和医生们决定为他实施胎肝干细胞移植。由于世界上还从来没人采用这种方法治疗，他的学生关切地对他说"老师，您就不要亲自上了吧。万一失败，会影响您的声誉的。"吴祖泽谢绝了学生的好意，他亲手制作胎肝细胞悬液，一次次看着它注入患者体内。

经过几个月治疗，患者的病情得到控制，最终病愈出院。吴祖泽创造了胎肝干细胞移植治疗重度放射病成功的先例。

从那以后，吴祖泽率领他的攻关小组乘胜追击，又一举获得胎肝干细胞移植治疗白血病的佳绩。12例患者的移植结果显示：胎肝造血干细胞在患者体内留存的时间可以长达一年。从而支持患者顺利度过大剂量放化疗以后造血系统完全被摧毁的危难时期。对减轻损伤,促进恢复有明显效果。

在一次国际学术会议上,吴祖泽见到了居里夫人临终前的治疗医生雅曼博士。这位法国医生听完吴祖泽对急性放射病救治的报告后激动万分。报告会一结束,他马上来到吴祖泽身边,握住他的手说:“如果是今天,中国医学家一定会延续居里夫人那伟大的生命的。”

世人熟知的著名女科学家玛利亚·居里死于常年接触放射性镭引起的放射病。临终前留下的遗嘱是:建立一座放射病治疗研究所。

如果居里夫人现在还活着,看到造血干细胞移植技术的发展如此迅猛,放射性疾病可以得到有效救治,她一定会感到欣慰的。而我国在这一领域的成就居于世界领先地位。雅曼博士说得对,如果时光可以倒转,中国医生完全有能力让居里夫人活得更长久些。

# 第四部分 神经干细胞研究

## 发现神经干细胞

神经干细胞是一类具有自我更新和多向分化潜能的细胞。在特定条件下，能分化产生神经系统各类细胞。

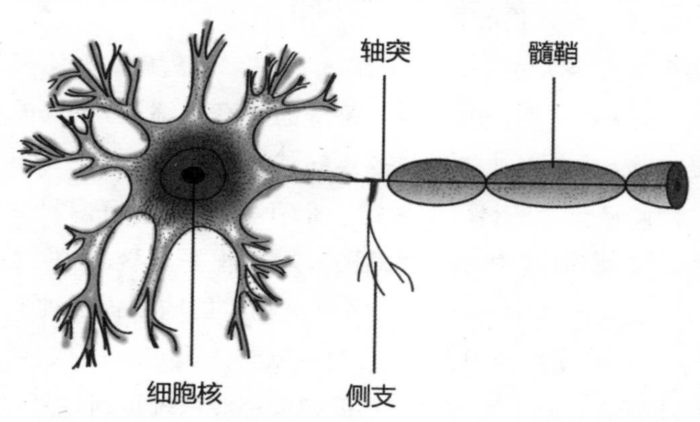


20年前，教科书上清楚地写着：高等动物的神经系统在出生前或出生后不久就停止发育了。科学家们曾经用尽各种方

法，让神经细胞在培养基里分裂繁殖，统统都失败了。说明神经细胞一旦损伤或坏死就不可逆转，它所管辖的神经区域也会出现永久性功能丧失。就像一根断裂的竹竿，即使用胶水粘住也不可能正常使用。

神经细胞不可再生的说法在 1989 年被彻底打破。有一位科学家从成年大鼠的大脑纹状体内分离得到了神经干细胞，并在体外培养产生了神经元和神经胶质细胞。神经元是神经系统中主要的信息携带者，通过细而长的轴突发送信号。而神经胶质细胞则是很重要的神经发育支持细胞。

此后，研究者的大量实验均证实了神经干细胞的存在。他们发现人脑中有 9 个脑区存在神经干细胞，其中最重要的脑区是室管膜下层，其分裂产生神经细胞的能力可保持终身，其他如脊髓、脑海马区等都有神经干细胞存在。它们可能是在胚胎形成神经系统时，一部分不再分化而保留下来，等待以后机体需要补充修复损伤或死亡的神经细胞时用。

这个发现令人振奋。它提示人们：神经系统损伤其实是可以修复的，只要在受损部位输入足量的神经干细胞，并且能够存活和发挥作用，许多神经系统的疾病就可以治愈了。

美国哈佛大学的科学家做过一个有趣的试验：有两只会唱歌的鹦鹉，科学家把其中一只鹦鹉的大脑中枢系统破坏掉，这只鹦鹉失去了唱歌的本领。然后，从另一只鹦鹉的脑中提取神经干细胞，注射到神经受损的鹦鹉体内，他们欣喜地发现，这只鹦鹉又恢复了唱歌的能力。干细胞使鹦鹉受损的神经系统得到修复。

神经干细胞的发现是近代科学研究的重大突破。从理论上讲，任何一种中枢神经系统的疾病，都可归结为神经细胞功能紊乱。

现在，世界上有成千上万的患者正在饱受神经系统损伤如脊髓损伤、脑损伤、外周神经损伤以及神经细胞退行性变（如帕金森病、老年痴呆症、肌萎缩侧索硬化症等疾病）的折磨，按照传统的观点，这些病是不可治愈的顽症。而神经干细胞的开发和运用将给这些疾病的患者带去希望。

世界各地的科学家纷纷投入到这个充满诱惑的研究领域中来。在中国，神经干细胞研究一直被列为国家重点科研项目。由于政府给予这项研究以宽松的政策和资金支持，因此我国无论在基础研究还是临床试验方面都处于前沿位置。

移植进入体内的干细胞能够向病变部位趋行聚集，分化增殖为神经元细胞、星形胶质细胞及少突胶质细胞。代替病变处已经变性死亡的细胞，恢复神经网络效应。同时植入的干细胞还能分泌大量营养物质，促进被损伤的神经功能修复。

由于神经干细胞的免疫原性很低，因此移植不需要配型，移植后也不需要服用抗免疫排斥药物，这是神经干细胞移植最大的优势之一。

2005 年，北京海军总医院儿科成功进行了首例新生儿缺氧缺血脑病的神经干细胞治疗，取得了较好效果。之后，上海复旦大学华山医院完成了颅脑外伤自体神经前体细胞的临床研究；广州珠江医院开展了骨髓间充质干细胞诱导神经干细胞治疗脑外伤、脊髓损伤等手术；北京武警总医院用神经干细胞治疗脑出血、脑梗塞后遗症等疾病疗效显著。

我国许多三甲以上医院都相继开展了神经干细胞移植业务。通过治疗我们欣喜地看到，瘫痪的患者重新站了起来；脑瘫患儿背起书包上学堂；脊髓损伤的患者终于脱离了轮椅……虽然移植的长期疗效还有待观察，但患者已经出现的显著转变是有目共睹的。而且到目前为止还未见严重并发症的报道。虽然部分患者效果微弱甚至无效，相信不久的将来会找到解决这些问题的办法。

## 脊髓损伤为何难以修复

直接和间接外力作用使脊柱脊髓结构和功能发生改变，造成患者身体麻木失去知觉，甚至终身残废，这就是临床上较多见的脊髓损伤。它不仅给患者带来极大不便和痛苦，给患者家庭和社会带来沉重负担，也是困扰医学界多年的一道难题。扮演“超人”的美国影星克里斯托弗和中国体操运动员桑兰都不幸属于这类患者。

脊髓中既有神经元又有神经纤维，一束束神经组织像电话线一样从直径不到2厘米的脊椎管里通过，每一根组织中的“电话线”都是有用的，控制着相应部位的神经传导。任何一处发生损伤，就意味着周围神经组织与大脑司令部的联络中断，表现为各种功能活动受阻，机体陷于瘫痪状态。

脊髓损伤发生之际，脊髓中的干细胞会迅速激活，临床可见神经轴突有发芽现象。可惜的是，脊髓中的干细胞含量微弱，没有能力穿越损伤区长距离生长，很难修复大范围的脊髓神经损伤。

在脊髓未完全切断的情况下，虽然一部分神经轴突是完整的，但是包裹在轴突外层的绝缘体髓鞘被破坏了，失去髓鞘的保护和支持，神经轴突会很快变性死亡，不再具有传递神经信号的能力。

脊髓损伤难以修复的另一个原因是局部微环境的改变。局部脊髓环境中不仅存在促神经细胞生长因子，也存在抑制神经细胞生长的物质。比如脊髓能够分泌一种叫 NOGO－A 的蛋白质，在体外试验中表现出对神经细胞强烈的抑制作用。脊髓受伤后，抑制神经生长因子占主导地位，而促进神经生长因子相对薄弱，因而不利于神经网络的重建。现在已研制成功 NOGO－A 蛋白质抗体，对脊髓损伤的再生修复具有促进作用。

损伤脊髓还会产生局部瘢痕，形成机械性屏障，阻碍神经细胞向前延伸。有科学家在瘢痕组织中分离出多种抑制轴突生长的化学物质，形成比机械屏障更为强烈的化学屏障。以上种种，造成脊髓损伤后很难恢复，患者只能终身瘫痪，永远无法再站立起来。

## 干细胞与脊髓损伤

脊髓干细胞移植在动物身上获得成功，为脊髓损伤的患者带来了曙光。

日本庆应大学的科研人员，把人类干细胞移植到因脊髓受伤而瘫痪的老鼠身上，四周以后，老鼠可以站起来，还能四处窜动；把人类干细胞移植到一种小型猴子狨猴的脊髓中也获得同样效果。狨猴因脊髓受损，上肢功能丧失约 90%，几乎完全无法活动，移植 8 周以后，上肢功能恢复了一半。

哈尔滨医科大学附属第一医院神经外科梁鹏带领的课题组，将实验鼠第 8 、第 9 胸椎之间的神经完全切断，使它们成为“高位截瘫”鼠。然后把胚胎干细胞分离得到的神经干细胞植入瘫痪鼠体内。不久，课题组研究人员惊奇地发现，这些鼠的运动功能逐渐恢复，可以缓慢移动和爬坡，并开始自动排尿，植入的神经干细胞在脊髓损伤处存活良好。

珠江医院神经外科主任徐如祥教授的实验室里，用于做试验的小鼠有上万只，猫上千只，狗几百只，猴子 50 多只，鹦鹉 30 多只。徐教授自有办法让这些动物“患病”，然后用神经干细胞进行治疗。瞧！偏瘫的猴子恢复了行走功能，脑受伤的鹦鹉又开口“说话”了，动物试验的结果令人倍受鼓舞。

在动物试验取得明显效果的基础上，科学家们开始将干细胞移植技术用于临床前期试验研究。

一位车祸导致胸第 4 、第 5 节段脊髓损伤患者，连坐起都需要别人在背后用力顶着，而且呼吸困难，不能出汗。经过神经干细胞移植后，能够自己坐半小时以上，自己拿勺子吃饭，还能捡蚕豆甚至写字。

山东省红十字会介入医院通过鞘内注射神经干细胞治疗脊髓损伤后遗症 58 例。治疗后一个月，感觉平面下降的有 38 例；大小便功能改善的有 28 例；双下肢肌力增加的有 34 例；肌张力改善的有 48 例；疼痛减轻的有 15 例。治疗取得了较理想的效果。

专家们认为，治疗能否成功与干细胞移植的时机有密切关系。最佳时机在何时？大约在损伤后 9 天左右。移植过早，受炎症因子影响，局部微环境并不适合干细胞的存活和分化。但是移植过晚，损伤部位瘢痕形成，妨碍轴突生长，也影响干细胞移植的效果。而 9 天左右的时间段，急性炎症反应已基本消退，胶质瘢痕尚未形成，此为移植的最好时机。

神经干细胞移植是 20 世纪 90 年代才发展起来的新兴学科，必然存在许多需要改善的地方。我们有充分的理由相信，随着研究的不断深入，脊髓损伤的治疗会更加完善和规范。

## 让截瘫患者站起来

来自云南的武警战士小董，遭遇脊髓损伤以后形成高位截瘫。在武警总医院接受两个疗程的干细胞移植以后，本已丧失运动和感觉功能的他居然伸展开了僵硬卷曲的手指，在支具的协助下站立起来。这是神经干细胞创造的奇迹。

两年前，小董在一次施工中被一堵坍塌的砖墙意外砸中，造成颈椎骨折、脊髓损伤。虽然经过及时救治保住了一条性命，但是可怕的后遗症使他全身瘫痪，肌肉开始萎缩，脖子以下的身体不能自主运动，甚至没有任何感觉，由于排汗功能丧失还经常发高烧。

2006 年，小董住进武警总医院神经干细胞移植科，听说这里治疗脊髓损伤效果不错，抱着一线希望，家属把他送到这里。神经干细胞能否修复患者受损的脊髓呢？武警总医院神经干细胞移植科主任安沂华为小董做了详细检查。结果发现，患者颈椎 3～7 节椎骨粉碎性骨折，脊膜破损导致椎管粘连和狭窄，脑脊液中的蛋白质含量高于正常值10余倍。这说明患者的椎管完全不通畅，如果按照以往的办法直接把神经干细胞注射到椎管，干细胞无法在梗塞的椎管内迁移，又如何能到达受损部位，替换和修复损伤的神经细胞呢?

鉴于患者的实际状况，医生们经过反复斟酌，决定将手术和干细胞植入同时进行。首先为小董做椎管手术，解除椎管中严重粘连的神经根，纠正骨折造成的压迫症状，然后再把神经干细胞植入到受损脊髓中。

术后，小董的身体出人意料地一天天好起来。到第16天，他的右上肢可见肌腱收缩，手腕可以活动了，身体痛觉平面下降至肋弓下2厘米，出汗和触觉平面下降至脐下2厘米。

出院时，他左上肢的力量已经增长到可以举起4斤哑铃40～50次。小董高高兴兴地回家了。

半年后，小董再次来到武警总医院，施行第二个疗程的干细胞植入手术。这次采取的是头部和腰椎穿刺相结合的移植方式。手术后，小董双手可以平推20公斤物体，而且非常轻松。曾一度萎缩的膀胱也逐渐能够控制，全身排汗功能恢复正常。更让人惊喜的是，在支具的保护下小董可以站立一个小时。

对于小董这样严重的脊髓损伤患者，传统治疗方法无非是降温、脱水、抗炎及手术解压，再辅之以一些药物，但效果是不理想的，原因是上述办法只能对症治疗缓解症状，却无法阻挡损伤部位神经细胞的死亡。只有神经干细胞移植才是针对病因的治疗方法。如今，北京武警总医院已为二千余名脊髓损伤后遗症患者实施了干细胞移植手术，其技术水平居国际领先地位。

当然，要使严重高位截瘫患者完全恢复到正常人水平也是不现实的。毕竟有较大范围和多种类型的神经细胞受损，即使有可能恢复，也需要很长的时间。但是比起传统治疗方法疗效甚微或无效，神经干细胞移植明显改善了临床症状，提高了患者的生活质量，无疑是治疗脊髓损伤最有希望的有效途径。

## 潜入大脑的魔鬼——帕金森病

帕金森病是中老年人常见的中枢神经系统变性疾病，引起该病的主要原因是大脑中缺乏一种叫做"多巴胺"的物质。多巴胺是一种重要的神经递质，多巴胺合成减少，会造成手足肌肉僵、直震颤以及活动障碍。一位名叫帕金森的英国医生首次描述了该疾病的症状，故而该病以他的名字命名。

帕金森病的临床表现为进行性加重的全身震颤。在早期，震颤只在手指或肢体某一部位出现，变换姿势或许会消失。以后发展为静止时肢体突然出现不自主的颤抖，变换位置或运动时颤抖减轻或消失，情绪激动及精神紧张时加剧。到疾病后期，因为严重肌强直和关节僵硬而残废，患者多死于并发症如肺炎等。

根据流行病学统计，我国 65 岁以上老年人中，大约有超过 170 万人患帕金森病。我国著名数学家陈景润，在他生命的最后十几年里，帕金森病困扰着他，令他长期卧病在床，忍受疾病的折磨。随着社会人口老龄化程度不断增高，每年新增病例会更多，使未来帕金森病的防治形势更加严峻。

目前帕金森病的内科治疗以口服多巴胺前体药物左旋多巴为主。由于血脑屏障的作用，药物真正进入脑内极少。由于不良反应多且严重，临床上很少单独使用左旋多巴，而大多采用与多巴胺脱羧酶合用以改善症状。

外科治疗采用毁坏患者大脑中苍白球和丘脑部位的办法控制患者手脚震颤和其他症状。但是手术后复发率较高，而且手术有生命危险和造成新残疾的可能，故临床应用很少。

无论是药物还是手术治疗都不能阻止多巴胺减少造成的神经细胞变性，因而都不能真正根治帕金森病。科学家曾尝试把6～8周的胎儿脑组织移植到患者脑内，取得了令人鼓舞的效果。但是治疗一个成年人通常需要2～3个流产胎儿，这种手术遭到伦理道德的激烈抗议而中止。据统计全球已经做了200多例脑组织移植手术，中国仅做了几例。

哈佛大学的研究人员把人的神经干细胞注入患严重帕金森病的猴子脑内，两个月后，猴子不仅可以走动，还可以自己进食。而在治疗前，猴子不能独自行走，甚至根本不能行动。国内外许多动物实验的结果均提示，神经干细胞移植治疗帕金森病是大有希望的治疗方向。

我国第一例神经干细胞移植治疗帕金森病在石家庄医院完成。来自印尼的76岁老人谢喜云患帕金森病十几年了，右手三个手指肌肉强直收缩，身体僵硬，吞咽困难，失去生活自理能力。她曾赴美国治疗，但病情一直未能缓解，在海外得知石家庄医院开展干细胞治疗帕金森病的消息，遂专程赶来就诊。

患者年事已高，体质很差，体重只有三十公斤。医疗组经过反复论证，为其拟定了周密的手术方案。利用专门仪器找准病变位置，将神经干细胞准确地植入脑内。手术后几小时，患者就能顺利进食，当晚还能轻松地观看电视节目。身体其他症状也有明显好转。患者和家属对于治疗效果感到很满意。

上海中国人民解放军455医院利用干细胞治疗一名65岁帕金森病患者，使他成功摆脱了疾病的纠缠。

这位老人10年前就出现手足抖动，步态僵硬，行动迟缓，并日复一日加重，最后头部出现无休止的剧烈晃动，连吃饭喝水和吞咽的能力都丧失了，患者几度萌生自杀的念头。经过神经干细胞移植治疗，老人头部的晃动消失了，四肢的抖动已不明显，走路的步态也不像原来那么僵硬了，生活基本可以自理。

一直以来人们认为：干细胞治疗帕金森病之所以有效，是因为植入的细胞替换了变性死亡的细胞，在体内执行多巴胺神经元的功能。最近的研究结果出人意料。原来，只有一小部分神经干细胞发展为能产生多巴胺的神经元，另一部分干细胞则转化为神经营养物质，促进脑内剩余的神经元激活，让大脑自己救自己。科学家推测，植入的神经干细胞起了类似“强心剂”的作用，它们连通了大脑修复机制，帮助脑神经进行自我疗伤。

## 治疗老年痴呆症的新方法

老年痴呆症又称阿尔茨海默病，是一种以进行性痴呆为特征的大脑退行性疾病，主要发生于65岁以上老年人。其发病率随年龄增长而逐渐上升，女性多于男性。起病多缓，难以察觉，待痴呆表现明显而就诊时，往往已经患病1～2年了。如果能够早发现早治疗，可一定程度延缓和改善病情。一旦发展到了晚期，任何治疗都收效甚微。

晚期老年痴呆症患者智力会出现严重障碍，甚至产生错觉和幻觉，生活不能自理，容易发生走失、伤人和自伤事件。给社会和家庭造成沉重负担。

随着人口老龄化加速，阿尔茨海默病在今后几十年里将大量增加，预计到2025年全球将有2200万患者，2050年将增加到

4500 万，成为继心血管病、脑血管病和癌症之后的第四大杀手。

阿尔茨海默病的病理特征是在大脑皮层和海马区域出现老年斑和神经元变性，神经元形成空泡，突触异常。进一步研究发现，脑内 $\beta$-淀粉蛋白的异常沉积是导致神经细胞变性的主要原因。

人类大脑是世界上功能最全、储存量最大、程序最复杂的超级“电脑”。主导人体知觉、运动、思维和记忆，如果脑细胞出现大量变性死亡，就意味着大脑的各种功能将逐渐丧失。

直到今日仍未找到有效治疗阿尔茨海默病的办法。目前药物治疗包括改善脑血液循环，促进能量代谢，抗氧化，增加神经营养等，均不尽如人意，只是改善些许症状而已，并不能真正去除病因，也不能修复已经退化的神经细胞。

神经干细胞治疗为阿尔茨海默病开辟了一个新的治疗方向。无论是胚胎干细胞还是成体干细胞，都具有分化为神经元和神经胶质细胞的潜能。通过体外大量繁殖扩增以后移植到患者脑内，可以取代变性凋亡的细胞，重建神经网络，使中枢神经系统恢复正常功能。

美国科学家做了一个试验：从初生小鼠身上提取神经干细胞，注入患阿尔茨海默病小鼠的脑海马部位。结果，这些已经丧失记忆力的小鼠在三个月后恢复了记忆。

还有的科学家把人的骨髓干细胞注射到大鼠脑中，几个月后，研究人员跟踪植入的干细胞，发现有 20％的干细胞在鼠脑中存活，并且主动向病灶部位迁移，与脑神经建立突触联系，这提示骨髓干细胞能在脑内生存和增殖。动物试验结果为干细胞用于治疗人类脑神经疾病提供了理论依据和实验基础。

贵阳市金阳医院周强和他的团队，用自体骨髓干细胞，先后治疗了四例老年痴呆症患者。首例患者是一位75岁男性，入院时，不认识亲人，大小便不能控制。接受了干细胞治疗后，以上症状迅速改变。出院时，能认识家人和不再随地大小便。

骨髓可以说是人体的干细胞库，其中干细胞含量丰富，可以直接穿刺采集，具有操作简便，可行性强的特点。更重要的是从患者自身提取，既不会有排斥反应，也不存在伦理问题。因此把自体骨髓干细胞送到自己的脑组织中，横向分化为神经细胞来治病是一个良策。

黑龙江省农垦总医院通过干细胞移植，使一批老年痴呆症患者的病情得到明显好转。一年后，医生对这批患者进行回访，发现远期疗效也令人满意。干细胞技术改写了阿尔茨海默病是不治之症的历史。

## 压垮父母的脑瘫儿

小儿脑瘫即小儿脑性瘫痪症，是母亲从妊娠期开始到孩子出生1个月之内，由于多种原因(感染、外伤、窒息、出血等)引起的小儿脑实质性损害。脑瘫症状多在小儿2岁以前出现，一般在婴儿期就会出现迹象。表现为运动发育落后和姿势异常，常伴有智力低下、视力异常、听力减退、语言障碍、癫痫及认知行为异常等表现。

小儿脑瘫包括：缺血缺氧性脑瘫，产伤造成的脑瘫，外伤性脑瘫，医源性脑瘫以及其他不明原因引起的脑瘫。由于脑内神经组织遭到破坏，使神经细胞数量减少和活力下降。以往小儿脑瘫被视为不治之症，任其自生自灭而无能为力。随着科学的发展，干细胞移植治疗脑瘫逐渐崭露头角。

干细胞进入脑瘫患儿的脑组织后，除了补充已经凋亡的神经元和神经胶质细胞之外，还能分泌神经营养因子，促进损伤部位的轴突生长。同时，损伤部位周边也许尚有神经细胞健存，但受到损伤后转入休眠状态，而移植进入的干细胞具有激活这些神经细胞的作用，促进其繁衍生长，达到改善神经功能的目的。

专家们认为，神经干细胞移植虽然具有广阔的发展前景，但还有很多技术问题没有解决，现在用于临床为时尚早。而那些已经开展干细胞移植的医生们可不这么想，他们认为现在就可以使用这项技术，不用再等待以后了。患儿自身的疗效就是最有力的证明。许多家长带着孩子到处求医，试了很多办法，花了很长时间，病情都没有得到改善。最后从神经干细胞移植这里看到了希望，收到了效果。

2009 年，一对美国夫妇带着 6 岁脑瘫儿来到城阳人民医院，要求做干细胞移植手术，因为他们的国家不开展这项治疗，所以带着孩子远渡重洋来到中国。

入院时，患儿不能独自坐，更不能站和爬。四肢肌肉强直僵硬，连抬头都不能。他出生时母亲处于昏迷状态，导致孩子缺氧患上脑瘫病。

进行了 2 次干细胞治疗后，患儿肌张力明显下降，可以自己坐在轮椅上玩耍了；第 3 次治疗后能主动抓东西；目前已完成 4 次干细胞治疗，可以在床上翻身爬行，高兴的时候可以讲很多话。

神经干细胞治疗小儿脑瘫在中国已经蓬勃开展起来。浙江一家医院的干细胞治疗中心，病房床位已预约到来年 10 月。90%以上的脑瘫患儿通过治疗都有效果，也没有出现明显副作用。

小儿脑瘫的最佳治疗时间在6个月以内。这时孩子的脑神经可塑性强，代偿功能好，预后基本比较理想。遗憾的是，临床上常遇到一些患儿直到2岁多了才来就诊，错过了最佳治疗时机。

医生郑重提醒人们，如果孕妇在妊娠期患重症营养不良、外伤、糖尿病等，或者小儿出生时发生难产、窒息、脑外伤等，都应该警惕出现小儿脑瘫的可能性。一旦孩子出现少哭少动，或多哭易激惹惊吓，喂哺困难，口腔闭合不准，动作不协调、不对称，经常出现异常肌张力如紧握拳、头后仰，异常姿势如足尖着地、剪刀步等情况，应马上带孩子到医院进行脑瘫排查。如确诊为脑瘫，应立即进行治疗。

小儿脑瘫越早治疗越好。干细胞作为生命发育的“种子”细胞，具有很强的分化能力。有希望再造正常的中枢神经系统，重建脑神经网络，让病孩像正常儿童一样健康成长。

## “空脑人”的新生

2005年，河北省任丘一家医院里，一个名叫杨雪娜的女孩出世了。刚出生的她全身青紫，没有呼吸。抢救了10分钟后，才有了呼吸和微弱的哭声。抱回家中后，家人发现小雪娜越来越不对劲，她四肢僵硬，眼神发呆，对任何刺激都没有反应，头往旁边扭着，往后仰着。哭声从黑夜到天明不停歇，怎么也哄不好。

母亲把孩子抱到中国人民解放军海军总医院，经过检查，确诊为新生儿缺血缺氧脑病。儿科主任栾佐指着核磁共振结果告诉雪娜的母亲，正常孩子的大脑在核磁片中应该呈现黑色，而雪娜的大脑三分之二是白色。白色的地方表示有大面积空洞形成。这是因为缺血缺氧造成脑组织坏死，神经细胞液化变成水了。小雪娜不幸成了传说中的“空脑人”。

此时已经73天大的小雪娜，大脑发育不及20天的正常婴儿。更严重的是，随着孩子一天天长大，这种差距会逐步加大，可以预见的是她的未来将面临瘫痪和痴傻的命运。

雪娜的妈妈扑通一下跪倒在栾教授面前，泣不成声地恳求医生救救她的孩子。当时，海军总医院刚完成一项历时八年的动物实验，把人的神经干细胞移植到患缺血缺氧脑病的小鼠脑内，几天后，瘫痪的小鼠开始爬动，各方面都恢复得很好。但是鼠和人是大不一样的，在动物身上能够成功，谁能保证在人身上就一定有效呢？

做不做这例神经干细胞移植手术呢？栾教授和孩子母亲都很犹豫。栾教授的犹豫来自于从来没在人身上做过，不知是否会有效果；雪娜母亲的犹豫来自于心疼自己的孩子，但又怕错过机会耽误了孩子一生。因为孩子越小手术的效果就越好，经过反复思量，孩子的家人决定了，一定要尽早做手术。

其实手术很简单，在一点镇静剂作用下，小雪娜很快睡着了，栾教授沿着孩子还未闭合的头盖骨，小心翼翼地将一根针管刺入空洞的脑室中，把神经干细胞注射进去。

这些神经干细胞是从流产胎儿的脑中分离出来的，把它接种到培养基中，培养14天后，将生长旺盛的干细胞集落从培养基中分离出来，经纯化后制成了干细胞悬液。当然，临床使用前还会做污染物检测和活性鉴定等，检查合格以后才能够使用。

术后，雪娜出现了新情况，体温突然升高到38℃，并且不停哭闹和呕吐。医生们推测可能是大脑接纳异体物质的反应，应该很快会过去。大脑是鲜有淋巴细胞的，因此一般不会出现免疫排斥反应。果然，第二天，雪娜的体温降了下来，呕吐也停止了，终于闯过了手术第一关。

现在就看手术效果如何了。医生和家属们都目不转睛地盯着着小雪娜的一举一动，期望奇迹出现。

术后第三天，孩子一直僵硬的身体开始松弛，抱起来，哟，软了。接着，一直不断的尖利哭声停下了。

又过了三天，发现小雪娜眼神不一样了，灵活了，也会笑了。术后17天，眼睛会追着东西看了。第37天，会看电视了，还能认出妈妈。到第42天，患儿用胳膊支撑起了身体，还能把头抬起，一只手做取物动作。小雪娜的母亲喜极而泣，高高兴兴地抱孩子回家了。

最近，雪娜回到医院复查，核磁共振结果显示，脑神经发育有明显恢复，智力测定结果也表明，雪娜的智力发育基本与同龄儿童同步。

世界首例干细胞移植治疗小儿脑瘫获得成功的消息在互联网公布后，整个医学界为之震动。多少年来，小儿脑瘫一直是困扰世界的难题，被公认为是无药可医，无法可治的绝症，今天终于被海军总医院的新疗法一举击破。一个杨雪娜的新生，为千万陷于脑瘫绝症的儿童带来新世界的明媚阳光。

## 可怕的夺命杀手——脑卒中

脑卒中又称脑中风和脑血管意外，是一种脑血液循环发生障碍引起的疾病。临床表现为突然昏迷、不省人事或口眼歪斜、半身不遂、智力障碍。据世界卫生组织调查结果显示，中国是世界上脑卒中发病人数最高的国家，患病人数超过800万，比美国高出一倍。而且还在以每年8.7%的速度递增。如果不采取得力措施进行控制，预计到2020年，患病人数将增加一倍。

脑卒中分为缺血性和出血性两种类型。缺血性脑卒中是因为血管内血栓形成，脱落后堵塞血管，引起大脑血液灌注不足甚至中断，使相应部位的组织细胞缺血缺氧而发生坏死。临床上脑卒中以缺血性为多见，约占发病人数的85%。

出血性脑卒中通常因为血压骤然升高，造成脑血管破裂，血液漏进脑膜，引起局部脑组织崩解破裂。虽然缺血和出血引起脑卒中的发病机理和临床表现不尽相同，但是造成神经系统损伤的后果是一样的。

脑卒中的死亡率极高，已经上升到所有疾病的第一位。在侥幸存活的患者中，有四分之三的人因后遗症留下不同程度的残疾，比如偏瘫、失语、行动困难、智力障碍等，生活往往不能自理。每年给国家带来的社会经济负担达到400亿元，是社会和家庭的重大不幸。

由于目前对于脑卒中没有特效药物，因此专家呼吁国民加强对于脑卒中的预防措施，引导和推动科学知识的普及，尤其对于那些患高血压、高血脂、高血糖和动脉粥样硬化等病症的中老年高危人群，更需要加大健康体检力度，加强防范意识和控制措施，降低发病率。

脑卒中疾病的严峻形势，推动医学界努力探索新的治疗方法，神经干细胞移植理所当然地成为开展临床试验的"先头部队"。

我国杨清成等人将流产胎儿脑组织的神经干细胞经体外培养后，用腰椎穿刺的办法注入到59例脑卒中患者的蛛网膜下腔，在两年时间里，全部患者的综合评分比治疗前明显提高。张儒等人用这种方法在50例脑卒中患者身上也取得了同样的效果。

北京武警医学院附属医院成功地对160名脑卒中后遗症患者实施了神经干细胞移植。手术前，几乎所有患者都存在异常肌张力、肢体不能活动、感觉障碍和失语等症状，医生们利用先进的诊断设备，为患者进行头部扫描，精确确定病灶位置和大小，在局部麻醉下采用颅骨钻孔的办法，把神经干细胞穿刺注入病灶部位，所有的患者手术过程都非常顺利，没有出现并发症。手术后5天左右相继出院。

术后6个月，对患者进行评分测定。评分按照国际公认的标准进行，包括患者自我料理能力（进食、梳洗、穿衣、洗澡、上厕所），大小便控制能力，移动能力，运动能力，语言交流能力。160名患者病情改善的有效率达到91.25％。

干细胞治疗脑卒中达到的疗效，是迄今为止任何一种医学手段都办不到的。干细胞是真正的对因治疗，而不像其他方法那样只是改善症状。

什么时间做干细胞移植效果最好呢？据专家介绍，只要度过了急性危险期，越早做越好。神经细胞刚受损时，脑组织会产生多种活性物质促进脑细胞修复，这个时间一般只有3～7天，此时引入外源性干细胞最好。有望使那些伤而未亡的神经细胞在及时救治的情况下恢复功能。错过这个时间，损伤区神经细胞的变性坏死已成定论，将严重影响干细胞的疗效，加大治疗难度。

干细胞移植的效果不仅与病程长短有关，还与患者年龄、脑损伤部位和面积、受损脑细胞的类型以及机体状况有关。一般而言，患者年龄大，体质不好，反复发病者效果较差，甚至无效。

## 三名病友奇遇记

老罗、老左和小孙三个人本来素不相识，一次不幸遭遇，让他们在同一家医院的神经外科病房相遇。成为惺惺相惜的病友。

老罗并不老，才43岁。他到贵阳出差，白天忙完公事后，晚上和几个朋友在一起搓麻将。玩得正高兴的时候，突然觉得左手疲软无力，连牌都拿不起来了，紧接着人像一根煮熟的面条瘫在麻将桌边。原来老罗患高血压多年，导致脑出血偏瘫了，被送进医院。

老左才40岁，一天上班路上突然感到左臂发麻，接着左脚也不听使唤了。他感觉不妙，赶紧“打的”回家，一进家门就昏倒在地。家人赶紧把他送进医院，诊断为脑溢血。后来经过开颅手术保住了性命，但落下个半身偏瘫的后遗症，失去了生活自理能力。

20来岁的小孙是一位进城打工的男青年，在一家建筑工地做小工，被一根钢管砸中头部。严重的脑部挫伤使他一直处于半昏迷状态，不幸成了“植物人”。

三个瘫痪患者住在一个病房里。看着瘫痪的身体，想着以后的人生路，老罗和老左终日唉声叹气、愁眉苦脸，陷入深深的绝望之中。

主管医生周强向住院的患者们透露了一个想法，用干细胞治疗可能有希望。他一直在动物身上做试验，效果很好，但是还从来没有在人身上做过，也没有病例可以借鉴。出乎意料的是，住院的患者们都非常支持他的想法，争着做第一批试验者。最后选中老罗、老左和小孙成为第一批手术患者。

手术开始了。医生先从患者体内抽取100毫升骨髓，提纯约1毫升干细胞，然后再通过CT成像系统立体定向后，注入患者脑内的特定部位。3个患者的手术都在同一天，历时13个小时。

大多数的干细胞移植是把骨髓细胞取出来后，在体外分化为神经干细胞，进一步扩增后再移植到脑内。而周强从自己上千次的动物实验中发现，这种方法效果并不好，不如直接移植原始的干细胞。虽然从理论上不能明确阐述为什么这样做的道理，但是他相信实践出真知，自己一点点摸索积累起来的经验才是最真实可靠的。

怀着信心和担心，周强和他的同事们密切观察患者术后的反应。过去在实验室里，动物一般在一个月左右出现效果。周强预计在患者身上产生作用时间可能与之差不多。没想到，术后第二天，老左和老罗就称偏瘫那一侧的肢体有了感觉；睡在床上两个月一动也不动的小孙开始出现躁动不安的症状。

奇迹在术后第三天陆续出现：先是老左瘫痪的左手可以移动，左脚也能提起来了。没多久，老罗的左腿也有了力气，可以动弹了。随后，一直处于半昏迷状态的小孙开口说话了。他说"我的头有点痛"。到第4天，小孙已能说出自己的名字，自己的家，再后来竟然可以与人交谈了。

仅仅注射1毫升干细胞，居然这么快就产生了效果，连周强本人都不敢相信。他分析：干细胞移植到受损脑组织中，不仅仅只依靠分化增殖自身发挥作用，更重要的是激活了处于休眠状态的部分神经细胞，让它们重新活跃起来，执行神经细胞的功能。

科学研究发现，在人体中真正起作用的神经轴突不过20%～30%，其他的均处于静息状态。只要能把这些静息状态的细胞有效地调动起来，其修复损伤的能力将是不可估量的。而原始骨髓细胞中就存在这种神秘物质，进入人体后可以充当细胞激活剂，“唤醒”沉睡的神经细胞，敦促它们履行自己应该担当的“职责”。

现在，周强和他所在的医院早已声名鹊起。省内外许多患者纷纷慕名前来就诊，手术档期已排到3个月以后。

## 干细胞治疗小脑萎缩症

小脑萎缩症是一种家族显性遗传病，相关基因定位于人类第9号染色体。若父母一方患有小脑萎缩症，其子女不分性别都将有50%的概率罹患此病。除遗传因素，发病还可能与病毒感染、中毒和长期脑供血不足诱导有关。

人的小脑主要管理运动协调和身体平衡功能。脑细胞出现萎缩后，患者出现共济运动失调。静止时身体前后摇晃，眼球震颤，指鼻不能。走起路来呈蹒跚状，犹如企鹅，因此亦被形象地称为“企鹅家族”。疾病发展到晚期，患者出现吞咽困难，无法站立甚至不能坐起，最后失去意识，昏迷不醒。用核磁共振仪器扫描脑部，可以见到脑体积缩小，脑实质减少，脑沟增宽加深等明显脑萎缩体征。

药物和康复训练往往没有什么效果。临床实践证明，干细胞移植是治疗小脑萎缩症唯一有效的途径。干细胞可补充减少的脑细胞和修复损伤的神经组织，并且激活内源性再生机制，促使小脑的各项功能得到改善。

英国曼彻斯特前市长 Andrey Jones 在任职期间，被诊断患了小脑萎缩症，每天行动需要使用电动轮椅，上下楼必须靠别人帮助，同时还要时时与极度疲劳作斗争。最令她沮丧和悲伤的是，英国最权威的神经外科专家告诉她，这种病没有办法治疗，属于不治之症。病情还会继续恶化，几年后她将死亡。

听说中国的医院可以治疗小脑萎缩症，Andrey 高兴极了。她和丈夫立即动身，来到青岛城阳人民医院，接受神经干细胞移植手术。

刚入院时，Andrey 用典型的企鹅式步态走路，双脚分得很开，脚趾向外，行走很困难，自己无法上楼梯，而且精神很差。

做了两次移植手术以后，她不需要别人帮助就能上楼梯了。经过五次手术以后，根本无需再坐轮椅了，她能够用正常步态和丈夫一起散步，每次步行约 30 分钟。这位英国老太太对中国的干细胞技术赞不绝口，感到非常满意。

山东省红十字会医院已为 30 多例小脑萎缩症患者进行了神经干细胞移植治疗，85％患者的病情得到改善。对于那些病程不长或年龄不大，体质较好的患者，移植后一般在 7 天左右，

平衡感和共济失调就会发生明显转变。除小脑退化症状有改善外，有些患者还表现出的其他神经精神症状，比如痴呆、情感障碍等，通过手术也会随之好转。

神经干细胞治疗小脑萎缩症的优势是：

● 治疗效果好　利用干细胞分化增殖和自我更新能力，达到神经细胞再生和抑制病变继续发展的目的；

● 治疗方式安全可靠　没有任何毒副作用；

● 无排异反应　神经干细胞不表达成熟的细胞抗原，因此不被机体免疫系统识别，因此不存在免疫排斥问题。

从理论上分析，干细胞治疗小脑萎缩症是一种理想措施。从临床试验结果看，干细胞治疗确实有效。但由于治疗的病例样本有限，远期疗效还不太清楚，因此现在下结论还为时尚早。积累更多的临床资料，将是今后迫切需要进行的工作之一。

## 生死悬于一线的脑外伤

2001 年，复旦大学附属华山医院为一位开放性脑外伤患者实施了自体神经干细胞移植获得成功。

这位 40 岁的女性患者，被锐利异物刺入脑内深达 10 厘米，双侧大脑额叶受损，患者不认识亲人，也不知自己身处何处。

医院神经外科朱剑虹教授为患者取出脑内异物后，把异物上的脑组织碎片置入特定的培养液中，培养增殖出神经干细胞。然后把它再送回到患者脑内。之前，为了验证体外培养的这些神经干细胞是否合乎要求，朱教授把它们分别植入老鼠和猴子的脑内，试验证明他们培养的这些神经干细胞品质纯正，具备正常的迁移和分化能力。

朱教授把500万个干细胞分多点注射到患者脑内。手术进行了3个小时。患者术后恢复平稳，15天后恢复加速，甚至可以胜任编织毛衣和包馄饨这些精细事情，很快她便顺利出院了。

手术的主刀医生朱剑虹是从美国哈佛大学医学院回国工作的特聘教授。这次手术的成功，开创了全球首例自体神经干细胞移植的先例。

随着社会经济的发展，交通运输以及建筑业越来越发达，创伤性脑外伤的发生呈不断上升趋势。临床对这类患者只能抢救生命和对症治疗，却无法挽回已经损伤和死亡的神经细胞，受伤者即使捡回一条命，后遗症造成的巨大痛苦会不可避免地伴随患者一生。

朱教授说，在重大交通事故或坠楼重伤后，如果伤者第一时间送到医院，医生可以从他们的衣服、头发中收集到新鲜破裂的脑细胞，经清洗后放到配制好的培养液中，在长出的细胞中挑选一些质量较好的神经干细胞，再把它克隆成很多细胞。整个过程大约需要1～2个月左右，最后再把新细胞植入患者体内。

用以上这种方法，华山医院为20名严重颅脑外伤患者进行了治疗，目前患者已基本康复。相关论文发表在《新英格兰医学杂志》上，在第十三届世界神经外科大会上，这项技术被评为世界上第一例自体干细胞治疗开放性脑外伤的医学成果。

为了进一步观察植入的干细胞在脑内的运动状态，朱教授的研究小组创造性地将纳米粒子放到干细胞里，通过核磁共振仪，可以长期观察细胞的生存生长情况，这是世界上第一次应用无创伤方法得到的脑细胞真实图像。

开放性脑外伤是导致全球青壮年死亡和致残的主要疾病，自体神经干细胞移植技术为这一顽症开启了一扇重见光明的大门。

## 众口交赞的好医生

小章是位30出头，英姿飒爽又聪明能干的民警。一次出差遭遇车祸后，在医院的病床上昏迷了50多天，经过4次开颅手术后总算脱离生命危险，但却留下了严重的后遗症——智力障碍，不能与人正常交流，也不能走路，变成一个日常生活完全靠别人伺候的"废人"。

一年以后，父母带着小章来到武警总医院做干细胞移植手术，由远近闻名的安沂华大夫担任主刀医生。经过两个疗程的治疗，现在他可以自己一步一步往前走，思维和记忆能力也逐渐恢复。他的父母为了试探他，故意就某个问题与他争辩，他总能层次清晰、论据充分地阐述自己的观点，说得头头是道。看到儿子恢复得这么好，两位老人激动地热泪盈眶。

武警总医院的干细胞移植技术开展得早也做得好，在业内早已是口碑相传，来这里预约治疗的患者达2千多名，住院要排到2年以后。医院不仅接诊国内各地的小儿脑瘫、脊髓损伤、脑卒中、脑外伤后遗症患者，还吸引了美国、英国、日本等20多个国家的患者前来求医。匈牙利、新加坡和马来西亚的患者甚至组团到医院治疗。

神经干细胞科主任安沂华为这项业务的开展立下了汗马功劳。他曾是我国著名神经外科权威王忠诚院士的博士生，在导师的指导下，他反复把干细胞用在实验鼠和猕猴身上。在实验室取得的第一手资料为他开展神经干细胞的临床试验奠定了坚实的基础。

2004年，年轻的安医生走马上任，成为武警总医院神经干细胞移植科的室主任。怀疑,抵制,不理解甚至冷嘲热讽一起向他涌来。当时干细胞的研究刚刚起步,用于临床几乎是空白,要想搞出名堂谈何容易!

面对重重困难,安沂华选择了勇敢面对,当第一个"吃螃蟹"的人。他带着另一名医生开始了艰难的创业之路。

新成立的科室在两个月里一共才收了2名患者,在仅有的2个患者身上,他倾注了全部心血。那段时间,安沂华吃住都在科室里,他认真研究患者的病情,细心观察每一个细节。一个疗程下来治疗产生了效果,患者瘫痪的肢体有了感觉,在别人搀扶下可以迈步了,安沂华这才松了一口气。

治好一个患者就等于播下了一粒种子。安主任用疗效征服了周围的人,赢得了患者的信任。来医院找他治病的人越来越多。后来,不仅每个病房都加了床位,连医生护士的办公室也腾出来当病房用。几年以后,科室从当初的2名医生和2个患者发展到十几名医生和一百多个患者,整体规模上了一个台阶。

更重要的是技术层面上的提高和完善。刚开始他们要借助局部麻醉,在患者头上凿个洞,再把神经干细胞送到病变部位。这种方法创面大,有出血风险。现在改用腰椎蛛网膜下腔注射的方式。手术过程患者基本无痛苦,而且安全性高,花费少,效果同样显著。

## 送来光明的视网膜干细胞

视网膜是视觉感应部位,在缺血的环境中极易发生损伤变性,形成永久性视损害甚至失明。视神经属于中枢神经系统的一部分,其损伤后的修复一直是困扰人类的难题。

上世纪 50 年代，科学家发现鱼和鸟类的视网膜中存在干细胞，能够终身生长。后来又发现，人类的视网膜中也存在干细胞。也就是说视神经损伤后是可以再生的。

最近有研究者把视网膜中的干细胞提取出来，放到添加了特殊生长因子的培养液中培育，获得大量增生的视网膜干细胞。把这些细胞移植到患视网膜萎缩病的小鼠眼内，发现它们不但可以存活，广泛分布于整个视网膜上，还能形成神经轴突样结构，直接伸到组织内生长。通过移植治疗的患病小鼠，视力得到一定程度改善。

这个发现意义重大。在临床上，对于由于视网膜细胞缺失变性造成的眼盲，一直缺乏行之有效的治疗方法。药物和高压氧的治疗都不能激发视网膜细胞再生，只有干细胞移植，才能补充视网膜上丢失的视神经细胞，弥补细胞死亡后导致的视力损害，重建视觉神经环路。

因为干细胞能从疾病发生的根源上进行治疗，因而它是一种充满前途和极具潜力的治疗手段。

导致视神经损伤的疾病有多种，如青光眼、视网膜黄斑变性和视网膜色素变性等。车祸和斗殴造成颅脑外伤也可以引起视神经损伤，只是因为发生颅脑外伤时注意力放在抢救生命上，容易忽略视神经受到损伤的问题。

青岛干细胞治疗中心为 6 例患遗传性视神经病变的患者实施神经干细胞治疗，结果所有患者的视力均有明显改善。

有一个 4 岁的英国小女孩伊沙贝拉，不幸患先天性双目失明，经过一个月的干细胞治疗后，已能清晰看到 0.9 米以内的物体，第一次看到爸爸妈妈的模样。

2010 年，石家庄白求恩国际和平医院传来消息，失明 11 年的南非籍男子麦唐接受干细胞移植以后，可以识别各种颜色，终于可以丢掉从不离身的盲杖了。

20岁的麦唐在11年前患了结核性脑膜炎，在南非医院治疗了三个月，后来出现视力减退，慢慢地双眼什么也看不见了。医生检查时发现，他的左眼视力只有0.015，右眼视力在开关灯的瞬间仅有一点光感，结核菌的毒力无情地毁灭了麦唐的视力。

医院为麦唐做干细胞移植：用一根很细的长针头插入眼睛的玻璃体内，把神经干细胞悬液注射进去。经过6次治疗以后，那只情况较好的左眼，视力上升到0.03，能够分得清世界地图上红、黄、蓝、绿的颜色了。而右眼视力也有好转。医生让他闭上左眼，将一只笔放到他眼前，他一伸手就抓住了。

## 盲童萨瓦娜

萨瓦娜出生于美国密苏里州的小镇西拉居斯，她的父亲布伦特在镇上开一家跑马场。她出生两个月的时候，布伦特拿着一个粉红色的气球在女儿眼前晃来晃去，但是女儿那双明亮的大眼睛却眼神呆滞，没有随着气球移动。布伦特喊了声："宝贝，爸爸在这!"襁褓中的萨瓦娜立即循声转过头来，但眼神并没有跟着转过来。

布伦特顿时有一种不祥之感。当天他和妻子抱着孩子来到密苏里州一家著名儿童医院就诊。医生经过反复测试对他们说："我不得不遗憾地告诉你们，你们的孩子患了视神经发育不全症。目前尚不清楚是什么原因使孩子视神经停止发育，导致视力缺乏，依现在的医疗水平，还没有药物和其他办法进行治疗。"

听完这话，布伦特的脸色立即变得惨白，她的妻子已经失声痛哭。

医生安慰他们说："你们的孩子还算幸运的，往往视神经发育不全的孩子还伴有其他先天性疾病，而萨瓦娜仅仅只是看不见而已，这已经是上帝对她的偏爱了。"

萨瓦娜一天天长大，她会反复地，不厌其烦地问父亲："太阳长得什么样子？它为什么不让我看到？"父亲摸着女儿的头，心里塞满了痛惜。为了让可怜的孩子看到光明，布伦特跑遍了美国国内所有的大医院。无数次求治的结果却是一次次失望。为此，他开的跑马场一度处于停业状态，家庭经济捉襟见肘，妻子不堪忍受和他离婚了。

2008 年，萨瓦娜过完 8 岁生日不久，报纸上刊出一个好消息，密苏里州一个叫瑞拉的 6 岁女孩，患有与萨瓦娜一样的视神经发育不全疾病，到中国接受干细胞移植后，可以清晰地辨认视力表上第一行字母，并且能辨认亲人和朋友的脸。

布伦特激动得蹦了起来，心脏咚咚地狂跳。他心爱的女儿终于有办法治疗了。他也要带萨瓦娜到中国去做手术，让女儿看到世上的一切。可是哪来这么多钱呢？治疗费、交通食宿费等加起来绝对不是一笔小数目。家里的积蓄早在以往给女儿治病时花光了。想到这些布伦特一筹莫展，懊丧极了。

萨瓦娜要去中国治病却没有钱的消息，很快在这个只有 175 个人的西拉居斯小镇传开了，每个人都慷慨解囊，仅一天时间就凑了一万多美元。

小镇的爱心行动惊动了一位记者，他在报纸上报道了萨瓦娜的故事，整个美国的好心人纷纷行动起来，汇款单像雪片一样飞来。很快，治疗费用凑齐了，萨瓦娜终于踏上去中国的路。

在中国青岛城阳医院干细胞治疗中心，医生为萨瓦娜做神经干细胞植入治疗。当萨瓦娜得知医生要用长长的针管通过腰椎打针时，吓得哇哇大哭，手术还没开始，萨瓦娜已经尿湿了裤子。中国的医生“妈妈”亲手为她换上干净裤子，把她抱在怀里不停安抚她，直到她在麻醉药物的作用下慢慢睡去……

一周后，医生给萨瓦娜检查视力，当电子发光笔照射萨瓦娜眼睛的时候，她立即闭上眼睛，转过脸去。“萨瓦娜，你能感觉光明了？”医生惊奇地喊道。她的父亲举起自制的卡片，萨瓦娜居然认出了卡片上的字母和颜色，这真是太神奇了！

接下来，萨瓦娜又连续接受了几次干细胞移植，每一次治疗过后，她的视力都有明显的进步。最令人惊喜的是第五次移植后，她在电梯的镜子里看到自己，还以为是别的小朋友，冲着镜子里的自己打招呼“Hello！”

一声再平常不过的“Hello”，在她的亲人和医护人员听来无异于平地惊雷。布伦特激动地用手捂住嘴，泪花在眼圈中打转。

做完七次治疗后，萨瓦娜就要回国了。临走前，她亲吻了所有与她朝夕相处的中国朋友。她告诉大家，她会想念这里的每一个人的。这里使她改变了命运，把她从黑暗的世界中解救出来，一步一步走向光明。

## “渐冻人”复苏不是梦

肌萎缩侧索硬化症是一种致命的神经退行性疾病。患者的身体像被冻住一样不能运动，患者通常从身体远端开始慢慢麻痹，先是手脚，然后是胳膊腿，随后全身肌肉逐渐萎缩乃至瘫痪，喉肌麻痹不能吞咽，最后死于呼吸肌麻痹，因此又称“渐冻人”。世界著名物理学家霍金就是被此病限制在轮椅上，因为舌肌萎缩不能发音，只能借助特殊的装置与人交流。

造成该病的原因不明。可能与遗传，毒性物质（铅、锰等重金属中毒），自体免疫病（免疫系统攻击自身运动神经元）以及神经营养或生长激素缺乏有关。从发现肌萎缩侧索硬化症到现在 130 多年过去了，临床上除了对症治疗，仍然找不到有效的治疗方法。患者往往五年内死亡。

神经干细胞移植为患者带来希望。干细胞在病变部位的增殖可以替代变性的神经元，恢复脊髓神经冲动向各处肌肉的传导，改善疾病症状。

北京武警总医院收治 47 例“渐冻人”患者，有 22 人肌体功能得到改善，其中 8 人尤其明显。有位患者李女士刚入院时言语不清、上肢乏力、下肢抬举困难，治疗后可以迈开双腿走路了。

一位来自印度尼西亚的老先生，入院时已到疾病终末期，吞咽和呼吸极度困难。根据临床经验推断，生命不会超过半年。

他曾到美国最有名的医院求治，却丝毫没有起色。在中国进行干细胞移植后，呼吸变得非常通畅，说话清晰多了，手脚也有力了。出现这样好的治疗效果，让患者和医务人员都感到振奋。

目前，神经干细胞移植还不能做到完全治愈此病，只能一定程度上改善临床症状，延缓病情发展，延长生存时间和提高患者生活质量。

## 拿什么拯救你——先天愚型儿

先天愚型又称唐氏综合征。1866 年，英国唐·约翰·朗顿医生首先描述了患者的病理体征。这类患者一般面部比正常人宽，鼻梁低平，眼睛小而上挑。口常半张，舌头伸出口外。后来这种病被正式命名为唐氏综合征。法国遗传学家发现了引起唐氏综合征的病因：由于母体卵子进行减数分裂时，不知何故第 21 号染色体没有分离，产生畸形。

唐氏综合征的主要特征为患儿智力严重低下，体格发育迟缓以及语言行为障碍。生下这样的孩子对父母是很大的打击，也给国家增加许多负担。我国每年大约有 4 万多个唐氏综合征患儿出生，国家为此至少要付出 100 亿元。

在我国，唐氏综合征的发病率有逐年增高趋势。专家推测其原因可能与环境污染，长期应用避孕药和产妇高龄有关。由于该病是由于染色体异常造成的，传统医学根本无法治疗，只能依靠医学检测手段，尽可能从源头上杜绝这样的孩子出生。

从医学角度讲，35 岁以上高龄孕妇和已生育一个唐氏综合征患儿再次怀孕的妇女，大有进行产前筛查的必要。如果确诊胎儿患有唐氏综合征可以堕胎。这一点各国的法律不尽相同，比如日本的法律规定不能因为胎儿有问题而堕胎。而中国是讲究优生优育的国度，不生育患有先天性疾病的孩子是合法的行为。

应用干细胞技术，山东省交通医院为20例唐氏综合征患儿进行治疗，取得了较好疗效。据医院葛教授介绍，他们做的第一例患者是朋友的孩子，应孩子父母的再三请求，他们抱着试一试的态度，没想到效果出人意外。首先是患儿肢体力量的改善，原先只能上三个台阶，治疗后能独自爬上五楼。语言能力也有很大进步，从只能说两三个字到背诵唐诗七言绝句。熟悉他的人甚至觉得这个孩子的面相、神情都改变了，就像换了一个人。

医院随后又为20例患者进行了干细胞治疗，基本上都能发现类似的变化，不过每个人的表现并不相同，有的患儿肢体力量明显增强，有的患儿智力方面明显改善。比较共同的一点是发育速度比治疗前有显著提高。

山东省交通医院应用的是脐血来源的间充质干细胞，静脉注射和腰椎穿刺相结合的治疗方法。每个疗程一般需要移植4～6次，每次间隔5～7天，原则上每个疗程治疗间隔是6个月，疗效明显者，可连续做2～3个疗程。

对于治疗效果不明显甚至无效的患者，医生们也感到迷惑。由于这项技术属于刚刚兴起的新事物，许多不成熟不完善的地方只有等待进一步的科学研究和临床实践来解决。

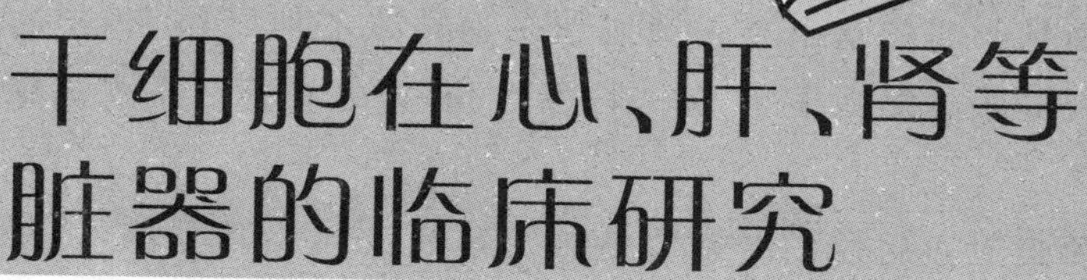

# 第五部分 干细胞在心、肝、肾等脏器的临床研究

## 心脏坏了怎么办

冠心病又称缺血性心脏病，是因为冠状动脉狭窄，供血不足而引起的心脏功能障碍。心脏的血液供应主要来自于冠状动脉，如果冠状动脉不畅通，在20分钟内不能清除堵塞的话，心肌细胞就会因血液灌注不足而发生不可逆的损伤。症状表现为患者胸腔中央压榨性疼痛，并可迁移至颈、颌、手臂、后背及胃部，伴有眩晕、气促、出汗、寒颤、恶心和昏厥，严重者可因心力衰竭而死亡。

世界卫生组织把冠心病分为五类：无症状性心肌缺血、心绞痛、心肌梗死、缺血性心肌病和猝死。

**无症状性心肌缺血**又叫无痛性心肌缺血，是指确有心肌缺血证据但不出现胸痛等相关症状的临床患者。

**心绞痛**是因为冠状动脉供血不足，使心肌急剧缺血缺氧引起以胸部不适、疼痛为主要表现的一组临床症状。

**心肌梗死**是指冠状动脉出现粥样硬化斑块或血栓形成，一旦斑块出现崩裂脱落，就会堵塞血管，造成血流减少甚至中断，使心肌严重而持久缺血后发生坏死。心肌梗死是冠心病中最严重的类型。

**缺血性心肌病**是由于长期心肌缺血造成心肌纤维化，使心脏收缩和舒张功能受损，引起心律失常、心力衰竭等一系列临床表现。

**猝死**是冠心病死亡的主要形式。猝死又叫心脏骤停，由于冠状动脉痉挛或堵塞，引起心肌急性缺血缺氧，导致患者突然死亡。

医学界一直在苦苦寻觅有效治疗冠心病的办法。药物治疗、介入治疗以及冠脉搭桥手术是可以获得一定疗效的。

药物可以溶解血栓，使血管变得通畅，但也可引起出血隐患和其他副作用；介入治疗是将球囊导管通过血管置入狭窄血管中，加压后球囊膨胀，撑开狭窄的血管壁，利于血液流动；而冠脉搭桥是用患者自身的血管在病变的冠状动脉旁边再“修一条路”，使血液绕过狭窄“地段”直接到达狭窄血管的远端区域。

以上方法都可以在一定程度解决冠脉血管不通畅问题，改善心肌供血。却唯独不能复活已经坏死的心肌细胞，从根本上恢复心脏的正常功能。

心脏移植手术怎么样？换一个心脏也许是根治冠心病的好办法！美国仅在 1998 年一年中就进行了 2340 例心脏移植手术。但由于供体缺乏以及严重的免疫排斥反应，限制了心脏移植在临床上的广泛开展，每年有大量的心脏病患者因为等不到移植需要的心脏而死亡。无奈之中，科学家把眼光转到动物身上，用动物心脏代替人类心脏，为冠心病患者换个新器官是否可行？

### 移植猪心的隐患

猜猜看，科学家认为最适合提供心脏移植供体的动物是什么？嘿！竟然是那些整天哼哼哈哈、又懒又脏的猪。

猪的心脏大小和生理指标与人类最接近，人的体重一般在60公斤左右，而小型猪40～80公斤；人的和猪的体温也几乎相同；人的心律为每分钟60～100次，猪为55～60次。猪还容易大批饲养和存栏，因而猪是器官移植的最佳提供者。

但是人类对猪器官的排斥是异常强烈的。早在1968年，伦敦国家心脏医院的罗斯医生为一名患者移植了猪心，由于排斥反应，患者2分钟后就死亡了。

16年后，美国贝利医生为一个刚出生几周的婴儿做心脏移植手术，给她换了一个狒狒的心脏，原以为婴儿的免疫系统发育不完全，会接受来自于动物的心脏。结果出人意料，婴儿反应异常剧烈，很快死亡。用动物器官给人移植的手术中，存活时间最长的数黑猩猩的肾脏，患者活了9个月。

科学家又想出一个办法，改造猪的基因以适应人类移植，他们在猪胚胎中转入人类基因，使出生的小猪别的部位是猪，唯有人们需要的部位比如心脏，主要组成是人类细胞，以逃避免疫排斥反应。这个问题解决了，新的麻烦又出现了。

猪体内含有很多人体没有的病毒，这些病毒与猪共生了几百万年，已经变成了猪基因的一部分，把猪的心脏移植到人体后会发生什么后果？实在是不好说。想想艾滋病病毒吧！它就起源于猩猩或猿猴类动物。迄今人们对这种病毒尚无特效治疗办法。若是不明猪病毒传播给人类，可能暴发新的瘟疫，谁敢冒这么大的风险？再说，换心的人一想到自己胸腔里跳动的是猪心，不知道会不会安然接受呢？

器官移植是一个非常复杂的生物学问题。植入不属于自己的脏器会出现哪些改变还是一个谜题。黑龙江省有一位 58 岁的杨老汉，做了心脏移植手术后，发生了非常明显的变化，仿佛变了一个人。

手术前杨老汉属于很邋遢的那一类人，睡觉前衣服鞋子到处乱扔。手术后，杨老汉彻底变了，每次要把衣服叠得整整齐齐才睡觉。手术前，杨老汉不愿意理发，非等孩子们多次催促才勉强去。现在半个月理一次，还喜欢反复照镜子。喜欢样式新颖、色彩鲜艳的服装，原先穿的灰色黑色的衣服说啥也不穿了。更让人惊诧的是，杨老汉居然喜欢起了以前碰都不愿碰的零食，和他的小外孙抢锅巴、薯条吃。

据知情人透露，为杨老汉提供心脏的是一个 26 岁的小伙子，杨老汉现在的表现与这个小伙子生前的习惯非常相似。也许心脏也是具有记忆功能的，尽管它已换了主人，还能把前主人的性格喜好体现出来。心脏具有的这一特性使人们对于猪心移植更加顾虑重重。

1997 年，英国政府发表了一份关于猪心移植的报告，称猪心移植对人体可能产生的遗传变异是长久和隐蔽的。届时人类基因将面目全非。很难预料人是否会慢慢呈现某种"猪性"。

### 干细胞挽救心肌梗死

人类的心脏中存在能够自我更新和增殖分化的干细胞吗？

答案是肯定的。人体在正常情况下，心肌细胞时刻都在自我更新，全部心肌细胞更新一次约 4.5 年时间。也就是说一个人如果能活 80 岁，一生中心肌细胞需要更新 18 次。

最近，科学家用聚焦显微镜观察到正常心脏中少数干细胞进行有丝分裂的现象。而在缺血心脏中这种分裂活动更加明显。干细胞的数量可以激增 10 倍左右。美国麻省波士顿儿童医院的研究人员在一次活鼠实验中，竟意外目睹了心肌干细胞转换成心肌细胞的全过程。

过去人们对心肌细胞可没有这个认识。一直以为心脏是不可再生的器官，心肌细胞在出生后不久就永远停止了增殖和分裂。即使出现损伤也无法修复。而最新的科学发现颠覆了这一错误观点。

既然心肌干细胞具有更新能力，为什么心脏发生病变以后不能自行修复，患者 5 年的存活率不到 50%呢？这是因为心脏发生病变的时候，缺血缺氧导致心肌干细胞和心肌细胞一同死亡了。

在出现坏死的心脏组织边缘发现有干细胞存在，它们在心脏发生危亡的紧要关头也竭尽全力去“施救”。无奈数量太少了，相比心脏大面积损伤而言，它们的力量只是杯水车薪而已。

心脏发生损伤时局部微环境变得十分糟糕，炎性细胞浸润、瘢痕组织形成，都非常不利于干细胞的生长增殖。科学家观察到一个现象，在心肌坏死的病理组织中很少见到新生细胞。而在坏死组织边缘地带，却常常有较多心肌干细胞活跃的迹象。这就是心肌干细胞在心脏病变时不能充分发挥作用的道理。

如果人为地将心肌干细胞送进心脏坏死区域，替代坏死心肌细胞行使心脏功能，是否能够补偿丢失的工作细胞，阻止心功能恶化呢？从理论上讲完全有这种可能。为了证实这一观点，科学家在鼠、狗、兔和绵羊等动物身上做了大量试验。

他们首先让受试动物患上冠心病，然后把心肌干细胞注射到心脏受损部位。研究显示移植进入的干细胞能够整合到动物的心肌细胞中，长期存活和分化。在受损区域生成新的细胞和血管，使心脏功能得到改善。

干细胞能否治疗心脏病，仅在动物体内取得成功是不够的，最有说服力的证据来自于人体的临床试验，是谁第一个用干细胞治疗人类心脏病呢？

这个人是德国杜塞尔多夫大学医院的心脏病专家埃克哈德·斯特劳尔。他遇到一位46岁的男性患者，因心肌梗死发作被急送医院，经检查发现患者心脏大面积梗死。左侧冠状动脉完全闭塞，大约四分之一的心肌细胞已经被破坏，病情十分危重。

埃克哈德从患者的髂嵴中提取含干细胞的内核细胞，经过必要处理后再回注到患者受损的心脏。回注时他用了一根特殊的导管，把干细胞高压注射到心室里。

术后，患者的心脏功能明显改善。心肌梗死的范围缩小近三分之一。进一步检查发现，植入的干细胞已经发育为新的细胞和血管，承担起坏死组织不能完成的工作。

随后，杜塞尔多夫大学医院用同样的方法，先后收治了33名心肌梗死患者。两年后，这些患者的心脏功能出现了决定性的好转，干细胞移植在所有的患者身上都收到了良好效果。

手术成功除了干细胞的“功劳”，德国科学家自创的那根伸向心脏的导管同样功不可没。有了它的帮助，手术不需要像以往那样打开胸腔后进行心脏注射，极大地提高了移植的安全性。

## 干细胞与冠心病

在心肌缺血区域植入干细胞成为冠心病治疗的热点。干细胞治疗缺血性心脏病的优势是：

(1)它是一种生物学治疗方法，对人体无毒或低毒；

(2)一次植入，可以长期有效；

(3)应用自体干细胞，不会出现免疫排斥反应。

复旦大学附属中山医院是国内最早开展干细胞治疗的医院之一。58 岁的李先生是国内接受这项手术的第一例患者。

移植用的干细胞来自于患者自身的骨髓组织，经干细胞实验室分离后得到骨髓干细胞。中山医院的葛主任为患者在冠脉内安装支架的同时，通过导管把干细胞送进冠状动脉内。术后患者恢复良好。冠脉搭桥和干细胞移植联合应用的方案，为治疗冠心病开创了新途径。目前，该院已成功实施了几百例这种手术。

海军总医院在 2002 年为一位 62 岁的心肌梗死患者进行了干细胞移植手术。患者因持续胸痛入院，检查发现 40％的心肌已经坏死，患者生命危在旦夕。手术时医生从患者骨髓中取出干细胞，随后在行冠状动脉成形术的同时把干细胞注入梗死的心肌内。3 个月后，心脏梗死面积缩小了三分之一，心脏射血分数增加 5.8％。

射血分数是衡量心脏搏动时排出血量的指标。射血分数值越高，表明心脏泵出的血越多，心脏功能越强大。

专家们认为，移植前能否准确测定心肌坏死的位置和面积是直接影响手术效果的关键因素。据悉，南京第一医院是国内首次引进心脏自动导航系统进行干细胞移植的医院。这台仪器能在心脏内膜上标出缺血心肌的部位，引导干细胞注入心肌。该医院运用这台先进仪器，先后为12名心脏病患者移植骨髓干细胞获得成功。

骨髓干细胞是最常见的干细胞来源。骨髓干细胞不仅是多潜能干细胞，在体外有很强的增殖能力，可以大量扩增和长期培养，更由于它能与患者心肌进行有效连接，有助于促进病损部位心肌和血管重建，增加局部灌流，防止心脏功能恶化。几十年来，国内外大量临床研究都证实：骨髓干细胞是心肌再生最有希望的种子细胞。

干细胞移植的主要途径有直接注射法、导管介入法和外周静脉注射法。

**直接注射法**是将纯化的骨髓干细胞和载体制成细胞悬液，然后注入到左心室内。这种方法通常需要做开胸手术，创伤较大，有一定危险性。

**导管介入法**是利用一根特制的导管，穿过心内膜将骨髓干细胞移植到心肌内。这种方法创面小，并发症和死亡率低，是目前应用较多的方法。

**外周静脉注射法**则是通过向体内注射干细胞动员剂，将骨髓中的干细胞驱赶到外周血中，利用干细胞自动向损伤组织归巢的特性，使干细胞在心脏聚集。这种方法操作简便，患者痛苦小，缺点是进入心肌损伤部位的干细胞数量较少、目的性较差。

应该看到，干细胞移植治疗缺血性心脏病尚处于刚刚起步阶段，技术上还存在许多问题，但它作为心血管疾病治疗的新手段，无论在理论还是实践方面已经表现出传统治疗方法不可比拟的优势，它将为心脏病治疗带来革命性进步。

## 肝脏内有干细胞吗

肝脏是人体内结构和功能十分复杂的器官，它有五千多种功能和至少七种不同类型的细胞。肝脏组织内是否存在干细胞？关于这个问题医学界一直颇有争议。

有学者认为，肝脏的再生能力极强，切除大部分肝脏后，在很短时间里肝脏就能长到原来大小，他们提出肝脏本身就是一个“干细胞池”的观点。然而根据干细胞的定义，干细胞除了具备分裂增殖能力外，还应具备多向分化潜能。肝细胞分裂产生的后代仍然是肝细胞，因此把整个肝脏认定为干细胞是不恰当的。

1958 年，Wilson 通过电镜观察到肝脏存在一种体积小核大，呈卵圆形的细胞，提出这种细胞可能是干细胞的假设。后来有科学家用致癌剂造成大鼠肝损伤，此时肝脏出现大量活跃增殖的卵圆形细胞。把这种细胞分离出来体外培养，卵圆形细胞可以分化为肝细胞和胆管上皮细胞，并且这种细胞具有干细胞的所有特性。从此，肝脏中的卵圆形细胞就是干细胞的理论得到普遍认同。

现在认为，在胆管末梢等区域内，存在具有多向分化的干细胞，一般情况下它处于休眠状态。在肝脏发生损伤时，被激活而发生增殖，修复损坏的组织细胞。但是如果发生大面积坏死，肝脏微环境恶化，则肝脏内为数不多的干细胞可能“力不从心”，导致病损无法逆转的后果。

1992 年，Mito 首次将干细胞用于治疗肝硬化。虽然患者的肝功能指标得到改善，但效果并不理想。然而这次尝试是有意义的，它为干细胞治疗探出了一条新路。此后，许多科学家相继开展了干细胞临床研究工作，取得了令人鼓舞的结果。

2001年，美国科学家宣布从人的皮肤和血液中提取干细胞，诱导为iPS细胞后进而培育成肝干细胞。把这些肝干细胞与正常干细胞分别注入患肝硬化的小鼠体内，结果移植效果一样好，没有发生肿瘤。几乎同一时间，日本国立癌症中心石川哲的研究小组利用人的皮肤和胃细胞制造出了肝细胞。这些肝细胞不仅可以和天然肝细胞相媲美，而且可以在体外大量增殖。

## 生命在苦等肝源中凋亡

近年来，肝干细胞移植技术迅猛发展，为肝病患者提供了治疗的新途径。

肝硬化是肝细胞出现弥漫性变性坏死，继而发生纤维组织增生和细胞结节，使肝脏变硬形成的疾病。导致肝硬化的原因有多种，在西方国家以酗酒引起酒精性肝硬化为主，在我国以病毒感染为多见。但近年随着我国酒消耗量增多，酒精性肝硬化的发病率有所增高。过度摄入含脂量高的食品造成脂肪肝的人数也在年年攀升。另外，药物和毒物的刺激、寄生虫感染等因素也会损伤肝细胞，形成肝硬化。

据报道，我国肝病的发病率居世界第一，仅乙肝病毒携带者就有1.3亿人，其中25%的人最终会发展为肝硬化。由于肝脏病变的进程往往是“静悄悄”进行的，早期可能不会出现明显的临床体征，因此容易被忽略。只有当肝损坏达到70%的时候才会出现显著症状。

虽然治疗肝病的药物并不少，但真正有效的却寥寥无几，尤其当病情发展到了硬化终末期，要想通过药物完全治愈肝损害是根本不可能的。

肝脏移植是目前医学界公认的治疗重度肝病的有效方法。世界第一例肝移植发生在1963年美国的丹佛市，一位48岁患严重肝硬化和肝癌的男子接受了移植手术，术后22天因败血症死亡。后来，又为一个年仅1岁7个月大的患肝癌的小女孩进行了肝脏移植手术，3个月后，癌症转移到其他脏器，术后400天小女孩死亡。

我国的肝脏移植开展较早，最成功的是一位天津的患者，移植后健康生存已达8年。为什么移植成功率不高呢？主要原因在于患者通常在肝功能严重衰竭的晚期才进行手术，这时因消化道出血、腹水等严重并发症，造成患者机体各方面状况极差，不能承受大型手术考验，使治疗成功率很低。

尽管如此，肝脏移植仍然是治疗重度肝病的有效策略。之所以不能广泛开展，是因为受到很多因素制约。其中最重要的原因是供肝不易得到。受传统观念影响，多数人不愿意捐献器官，使肝源奇缺。然后是异体器官的排斥反应。患者需要长期使用免疫抑制剂。这些药物不仅昂贵，而且毒副作用大，给患者带来新的痛苦。再有移植手术的费用问题。手术和后期费用约需30万～40万元人民币，这笔开支并非所有人能够承受。

由于上述原因，我国每年约有150万人需要肝移植，但实际能走上手术台的患者只有1万人左右。大量患者只能在苦苦等待肝源中坐以待毙，最终失去治疗机会。

## 肝硬化患者的福音

近年来随着分子生物学和细胞工程的发展，干细胞移植逐渐成为研究热点。在大量动物试验成功的基础上，干细胞治疗逐渐向临床研究过渡。干细胞治疗肝硬化获得成功，为那些没有条件做肝脏移植的患者提供了新选择。

2005年，我国第一例干细胞移植治疗肝硬化在北京军区总医院完成。

42岁的河南患者邢某患肝硬化，到医院就诊时已经全身黄疸，肝腹水，生命岌岌可危。医生检查发现，患者的黄疸指数、凝血酶原、转氨酶等指数严重偏离正常值，肝硬化萎缩已到晚期。

医院的姚鹏主任一直从事干细胞研究工作，经验丰富。在征得患者及家属同意后，决定用干细胞挽救患者的生命。

手术先从患者体内抽取骨髓细胞，经过分离提纯干细胞后，再用一根导管通过股动脉途径，把干细胞悬液送到肝脏。一周后，患者状态明显转好，腹水消失，能进食了，走路有劲了。5个月后来医院复查，黄疸指数等八项生化指标全部恢复正常，原先已经萎缩的肝脏竟长大了一圈。

第一例干细胞移植成功的消息极大地增强了医生们的信心。从那以后，北京309医院收治了120多例终末肝硬化患者；海南农垦总医院收治了6名重度肝病患者；成都军区总医院在不到半年里收治了30多例患者，其中大部分都获得了满意的效果。到如今国内已有数千例肝硬化患者从干细胞治疗中受益。

武汉科技大学附属天佑医院自2009年实施干细胞移植治疗重症肝病以来，已为100名患者解除了痛苦。一位急性暴发性肝炎患者，曾被医院两次下达病危通知书。医生断言如果不能马上进行肝脏移植手术，患者活不过15天。

医院感染科主任刘黎教授果断地采用脐带间充质干细胞为其治疗。术后不久，一直处于昏迷中的患者苏醒过来。数月后，患者全身浮肿全部消退了，各项检查指标回归正常，终于迈着轻快的步伐出院，重新回到了工作岗位上。

干细胞移植虽然不能像肝脏移植那样给患者安装一个健全的肝脏，却能够让病肝长出新的健康的肝细胞，两种方法有异曲同工之妙。重要的是肝脏移植需要他人割肝相救，而干细胞移植可以做到自救。干细胞移植为中国庞大的肝病人群带来了希望。

移植用的干细胞从何而来？理论上说来源于胚胎的干细胞增殖分化能力最强，作用最大。但实际上受来源不易和容易癌变等问题限制，除了动物实验外很少在人体使用。临床一般选择从骨髓、外周血和脐血中提取干细胞。尤其取自自体骨髓和外周血的干细胞具有绝对优势，应用最广泛。

骨髓干细胞在特定条件下，可分化为多种细胞类型，包括心肌细胞、神经细胞、肌细胞和肝细胞等。日本学者把骨髓细胞用肝细胞生长因子诱导，结果培养出了肝脏细胞。还有科学家把造血干细胞培养成肝细胞。

骨髓干细胞分化为肝细胞是因其具有很强的“因地分化”特性所决定的。所谓因地分化，就是进什么山唱什么歌，在什么环境下就分化成什么细胞。骨髓干细胞进入大脑就分化为神经细胞，进入肝脏就“入乡随俗”地发育为肝细胞。

进入肝脏的干细胞如同春播撒下的一粒粒“种子”，在病损肝区“生根发芽”，替代变性坏死的肝细胞，参与肝脏结构的修复和重构，改善患者肝功能，从源头上治疗疾病。

干细胞移植是目前国际上处于前沿地位的治疗肝硬化新技术，是除了肝脏移植之外第二条解决重症肝病的有效途径。资料显示，患者大多在 2～4 周腹水等症状消失或减轻，大约 3 个月左右各项化验指标会明显改善。

肝干细胞移植有三大优点：①效果明显，术后 3～6 个月，随着植入细胞在肝脏“安营扎寨”，患者各项体征可获改善；②费用低廉，只有肝脏移植的十分之一左右；③技术风险小，采用微创介入技术，整个移植过程简单无痛苦，也很安全，显示了广阔的临床应用前景。

当然，不是所有患者都适合干细胞治疗。医生需要综合考虑患者的年龄、病程、各种临床指标和合并症等各方面情况。如果肝脏基本构架尚存，局部微环境尚好，肝脏功能未完全衰竭，那么利用干细胞治疗将收到更为理想的效果。

不久前，美国维克森林大学谢伊·索科尔团队用干细胞在实验室培养出一只微型人体肝脏，虽然它只有胡桃肉大小，却表现出真正肝脏的功能。如果把人工肝脏做得和真正肝脏一样大，可能需要数十亿个肝脏细胞，这很难办到。微型人体肝脏的问世，标志着科学家在生物反应器中制造肝脏的序幕已经拉开。

## 糖尿病形势严峻

1921年，加拿大有两位年轻的医学生班廷和贝斯特，每天跟着他们导师做动物实验。一次，他们把一只狗的胰脏切除了，观察失去胰脏的狗会出现什么反应。他们看见这只狗在泥地里撒了一泡尿，不一会，尿液上布满了近百只苍蝇。而正常狗撒的尿是不会招致这么多苍蝇的。尿里有什么东西如此吸引苍蝇呢？

班廷和贝斯特把狗的尿液拿去检测，结果发现尿的糖含量很高。是正常狗的十几倍。原来，胰脏有分泌胰岛素的功能，胰岛素促进葡萄糖分解和糖元合成，起降低体内血糖的作用。切除胰脏的狗不能分泌胰岛素，导致血糖升高并从尿中排出。才出现众多苍蝇爬满尿液的景观。

后来，班廷和贝斯特把狗的胰脏取出来捣碎，将萃取的液体注射到患糖尿病的狗体内，狗的血糖下降了，糖尿病得到缓解。

糖尿病是一组以高血糖为特征的代谢性疾病。引起疾病的原因一是胰岛素分泌相对或绝对不足，二是人体对胰岛素敏感性减低使葡萄糖分解不能。临床表现为“三多一少”的症状，即多饮、多食、多尿和体重减少。随着病程延长，血液中过剩的糖逐渐“腐蚀”全身组织器官而出现体内多个系统损害。

糖尿病危害如下：

* 增加患心脏病和中风的危险，约有50%的糖尿病患者死于心血管病；

* 造成神经和血管病变，形成足部溃疡，最终导致截肢；

* 损伤小血管，造成视网膜改变，引起双目失明；

* 损害肾脏，10%～20%的糖尿病患者死于肾衰竭；

*造成对神经系统的损害，如手足麻痹、疼痛、发抖等。

糖尿病主要分为二型：1 型糖尿病，又称胰岛素依赖型糖尿病，患者的胰岛细胞被自身免疫系统破坏，完全无法制造胰岛素；2 型糖尿病，此型的发病原因很复杂，除了遗传因素还与肥胖、精神紧张、高热量饮食、缺乏运动等有关。

现代社会随着人们的生活水平不断提高，糖尿病的发病率呈上升趋势。我国已有超过 9200 万糖尿病患者，成为取代印度后世界头号糖尿病大国。并且每年还在以新增 75 万患者的速度递增，且发病更趋年轻化，严重威胁国民的健康和生命安全。

目前临床上尚无根治糖尿病的办法，只能依赖体外给予胰岛素或其他药物降低血糖，同时配合饮食调理和运动。但是注射胰岛素既不能精确调节体内血糖水平，也不能阻止糖尿病并发症的发生。

胰腺组织移植是一种新兴而有效的治疗方法。据统计，美国每年有 1300 名 1 型糖尿病患者接受胰腺组织移植。80％的患者治疗后可以停用胰岛素。但是，与其他器官移植一样，胰腺移植也面临供体缺乏和免疫排斥反应两大问题不好解决，限制了这项技术在临床上的广泛应用。

科学家必须继续寻找更好的治疗办法满足糖尿病患者的临床需求。

### 胰岛干细胞大有作为

2000 年初，美国科学家发现胰脏中存在干细胞。这些干细胞是否是胚胎发育过程中遗留下来的一部分未分化细胞呢？当胰脏出现病变时，这些干细胞是否会再进一步分化为各种胰脏细胞,对损伤组织进行修复呢?

Ramiya 从小鼠的胰腺中分离出胰岛干细胞,在体外传代培养后,将其诱导分化为能够产生胰岛素的细胞。将这些细胞移植到糖尿病小鼠体内,可使小鼠的血糖降至正常范围内。动物试验证明了从胰腺中分离出来的干细胞治疗糖尿病具有可行性。

2009 年,美国和巴西的研究小组给年龄在 14～31 岁之间的 15 名 1 型糖尿病患者植入自体造血干细胞,其中 14 人获得了良好效果。手术后的患者不再需要天天注射胰岛素而保持血糖水平正常。最长的保持者达到 35 个月不依赖胰岛素。而且 15 名患者无一人死亡,也没有出现持久的副作用。研究结果刊登在《美国医学会杂志》上。

有学者质疑这项研究。他们认为该研究小组对患者的饮食和生活习惯做出了严格规定,并密切监视,这可能是血糖下降的重要原因。有什么证据认定病情好转就一定是干细胞在发挥作用呢?

为此研究小组进一步完善实验方案,他们通过测定患者体内 C 肽水平来证实这一点。所谓 C 肽是人体合成胰岛素的副产品。胰岛素分泌得多 C 肽数值就高,反之则低。

后来研究小组用同样方法治疗了 23 名糖尿病患者。对他们进行 C 肽检测。结果表明,接受手术的患者 C 肽水平显著升高。这一次用科学事实证明了干细胞移植的疗效。

在我国,有几家三甲医院开展了自体骨髓移植和造血干细胞移植治疗 2 型糖尿病的临床研究。大多数患者都达到血糖降低、胰岛素减量的效果,部分患者甚至停用药物。与此同时,患者的体质增强了,亚健康状态也得到一定程度纠正。

采用自体干细胞移植治疗安全性高,死亡率为零。但这仅仅只是短期疗效的观察结果。由于临床研究样本量较小,随访期较短,其远期疗效还有待进一步证实。

需要强调的是,并非所有的患者都适合干细胞治疗。少数患者效果微弱甚至完全无效。基于此有人提出这项技术存在一些问题,因而不能将它作为临床常规的治疗手段。

也有人不同意这个说法。他们认为不能因为某些技术方面的不成熟就停止临床试验探讨的步伐。面对糖尿病高发的严峻形势,只有加紧研究才能促成这项充满希望的新事物日臻完善,尽早为人类服务。

争取干细胞移植的最好疗效还需要科学家们继续努力。总体来说,移植成功率与患者残存的胰岛功能、病理以及自身免疫状况关系密切。通常对于初发和病史短的患者,治疗成功的把握相对更大些。如果病程较长,胰岛在自身免疫系统的长期攻击下彻底崩溃,干细胞移植的治疗效果往往会大打折扣。

最近美国曼彻斯特大学的研究者有一项重大发现,利用转录因子 Pax4 刺激胚胎干细胞生成大量胰腺 β 细胞,然后加入一种特殊的染料把胰腺 β 细胞染成绿色,便于与其他细胞分离。进行治疗时只移植 β 细胞而别的干细胞不能进入患者体内,可以有效避免癌症风险。这项新技术将为干细胞治疗糖尿病带来新的突破。

## 干细胞与肾衰竭

外形如蚕豆状的肾脏,分别位于脊柱两旁的后腰部,是人体重要的组织器官,它的作用相当于城市垃圾和污水处理站,没有肾脏卓有成效的“工作”，机体随时会被自己的代谢产物淹没。

肾功能衰竭是由于各种原因引起的肾损害发展到终末阶段时，肾脏组织遭受严重破坏的表现。肾衰竭分为急性和慢性两种。急性肾衰竭病情进展迅速，肾脏由于供血不足出现肾小管坏死。而慢性肾衰竭则因为长期病变导致肾功能逐渐下降，最后形成不可逆的肾脏衰竭。不幸的是，很多人患肾病多年却毫无察觉，直到体检时才惊觉已然患病，甚至已发展到中晚期，延误了治疗的最佳时期。

目前临床上对肾衰竭的治疗策略是：血液净化和肾移植。

血液净化俗称“洗肾”，它通过物理学原理清除体内代谢废物、毒素和多余水分。这些事原本该由肾脏来完成，现在肾脏生病了，只能让透析仪器代替它行使这项工作。可是机器只能起滤过作用，不能代替肾脏的分泌、代谢和维系机体内环境稳定等一系列功能，对于已经坏死的肾小管，再先进的仪器也帮不上忙。肾衰竭患者只有长期或终身依赖血液净化维持生命。

无休止的透析让患者活得好累啊，同时经济上也不堪重负。但即便是这样也不能长久维持，肾衰竭发展到合并其他脏器损害之时，血液净化等手段也难以挽回患者的生命。

目前肾移植是最好的治疗方法，换一只健康肾有希望彻底摆脱疾病纠缠，过上正常人的生活。遗憾的是，不是每个患者都有机会接受肾移植，器官捐献者的数量远远低于器官需求者。与此同时，肾移植需要长期使用免疫抑制剂，其高昂的费用和药物的副作用会给患者带来新的持久的麻烦。

干细胞历来有万能细胞的美誉，干细胞能否再生坏死的肾脏细胞，在肾病领域有所作为呢？国内外科学家尝试着把骨髓干细胞移植到急性肾衰竭老鼠的体内，欣喜地发现干细胞可以分化成为肾脏内各型细胞和血管，有效缓解了病灶区缺血缺氧状况。动物实验为干细胞治疗提供了新的突破口。

中国人民解放军261医院在2009年为19例慢性肾功能不全患者施行了脐血干细胞移植，取得了一定的近期效果，总有效率达到47.37%。远期疗效还在进一步观察中。

2011年，昆明医学院第二附属医院肾内科将干细胞技术应用于临床试验性研究。患者安女士上下肢浮肿，CT检查显示双肾血流灌注差，排泄功能重度受损。确诊为肾衰竭尿毒症期。医生给患者进行了血液净化和脐血干细胞介入治疗。

接受一次干细胞移植后，安女士自我感觉很好，食欲睡眠有明显改善。医院用同样方法又治疗了几名患者，经过治疗后病情也得到明显好转，未出现明显不良反应。

由于干细胞治疗肾衰竭尚属临床摸索阶段，样本少、时间短，存在的问题也不少，还不能广泛用于临床。可以预见的是：干细胞治疗肾病的前景将无限光明。

专家们认为，对于早期原发性肾病患者，及时应用干细胞介入疗法并辅以其他治疗手段，可能达到指标转阴的疗效。对于继发性肾病，早期治疗可以改善病情，但也需要同时配合其他方法。比如尿毒症患者体内残留很多毒素和代谢物，干细胞在如此恶劣的环境下怎么可能茁壮成长呢？移植的同时必须配合血液净化措施，为干细胞生长繁殖营造适宜的体内环境，才有可能取得较理想的效果。

### 小肠干细胞

人体的小肠黏膜上皮细胞是机体代谢最为活跃的细胞之一，终身更新不停。更新的动力来自于小肠隐窝底部的那一群干细胞。小肠干细胞在维持肠道屏障和损伤修复中扮演着重要的角色。

小肠干细胞有强大的分裂能力,一只小鼠在3年生存期内,小肠干细胞可分裂820～2200次,平均24小时就分裂一次。一个人如果活70岁的话,小肠干细胞估计分裂5千次左右。约5天就分裂一次。

小肠干细胞的分裂有两种方式,即不对称分裂和对称分裂。不对称分裂产生一个子代干细胞和一个功能细胞,而对称分裂一次产生二个子代细胞。对称分裂通常发生在小肠出现损伤时,干细胞数量呈双倍增加将有利于修复组织损伤。

小肠黏膜基底隐窝是干细胞的藏身之地。当肠黏膜屏障遭到破坏时,隐窝内干细胞向肠腔内移行,取代损伤和凋亡的肠上皮细胞,从而保持绒毛上皮的完整性。关于一个肠隐窝有几个干细胞的问题,曾经引发许多争议。

有人认为隐窝内的细胞60%是干细胞。也有人认为一个隐窝内只有一个干细胞,其他的细胞都由它分化而来。由于所有的实验方法都会导致小肠损伤,使隐窝的正常形态遭到破坏,所以没有哪种试验能够精确测定隐窝内干细胞的数量。

目前人们普遍接受的说法是每个隐窝内有4～6个干细胞,另外还有约30～40个潜在干细胞。干细胞修复损伤的程度取决于干细胞数量、细胞周期、细胞分裂方式以及环境因素的影响。

1999年,Slorach将分离出的幼鼠小肠干细胞注入裸鼠皮下,成功模拟了肠道干细胞发育为肠组织的过程。一年后,美国詹姆斯·威尔斯和日本奈良县立医科大学研究团队分别用iPS细胞诱导出人体肠道细胞,这些肠道细胞像真正的肠道一样,每隔20分钟发生一次蠕动，并具有正常肠道的吸收和分泌功能。接下来，如果用于动物试验能够成功，将有希望用于人类肠移植，为严重肠病患者换肠。

有趣的是，发现干细胞能够治疗炎性肠病完全出于偶然。一位患白血病合并炎性肠病患者本来是通过移植造血干细胞治疗白血病的，出乎意料的是肠病居然好转。后来，科学家对7例克罗恩病，4例溃疡性结肠炎合并血液病患者进行自体干细胞移植，除一例症状轻微持续外，其余都未见复发。造血干细胞强大的更新分化能力，为临床上治疗炎性肠病开启了新路。

2011年，巴塞罗那生物医学研究所的研究人员，发现了肠道干细胞与肠癌之间的密切关系。他们将健康小肠干细胞与肿瘤细胞中的活跃基因相比较，发现它们很相似。肠道干细胞中的任何一个组分发生异常或突变都会导致癌症的发生。肠道干细胞的更新速率甚至超过肿瘤细胞。拥有强大能力的肠道干细胞，如同一把双刃剑，一方面可以快速修复肠道损伤，另一方面又大大增加了发生肠癌的可能性。

### 溃疡性结肠炎的细胞修复

溃疡性结肠炎是一种病因不明，主要以直肠和结肠浅表性炎症病变为主的消化道疾病。病初时黏膜表层呈弥漫性充血水肿、肥厚、脆性增加和易出血。继而溃疡形成，黏膜糜烂。晚期由于结肠组织增生，使肠壁变厚、变窄，肠道变短。

溃疡性结肠炎可发生于任何年龄，但以20～30岁多见，临床表现为每日多次不明原因的腹痛、腹泻，伴有便血和黏液便，呈慢性反复发作。死亡率高，严重危害患者健康。

传统治疗方法主要使用抗炎药物和皮质激素类药物。但这些药物只能暂时控制和缓解症状，不能从根本上治愈此病。而且长期用药不良反应增多，停药后易复发，让临床医生束手无策。世界卫生组织将溃疡性结肠炎列为重点疑难病之一，如何治愈此病成为医学研究的难题。

由于溃疡性结肠炎主要以黏膜广泛性损害为特点，因此修复黏膜损伤应该是治疗的关键。正常情况下，结肠黏膜上皮是机体更新最快的组织，机体为何不能修复损伤的肠黏膜呢？

原来，隐窝坏死形成脓肿后，使“居住”在此的干细胞遭到“灭顶之灾”，使它们自顾不暇，哪还有功夫去修理遭到损坏的肠黏膜呢？除非从另外渠道补充新鲜足量的干细胞到达病变部位，才有可能达到修复损伤的目的。

补充结肠干细胞有下述三条途径。

(1)分离患者结肠干细胞，经体外培养扩增后再回输。但由于目前还未找到结肠干细胞的特异性标志物，分离纯化和鉴定技术不过关，使用这种方法还有困难。

(2)用胚胎干细胞分化为结肠干细胞，使其成为移植的细胞来源。但此法受到伦理、免疫排斥和致瘤性的制约，临床应用价值不大。

(3)来源于骨髓的干细胞是最具实用价值的细胞来源。骨髓干细胞有很强的分化潜能，哪里需要就流向哪里，是理想的移植细胞来源。

有研究者报道曾有异体骨髓移植患者发生免疫排斥反应时形成了结肠溃疡。说明骨髓干细胞可以随着血液循环到达结肠，引起结肠黏膜上皮的改变。为了得到进一步证实，科学家将荧光标记的骨髓干细胞注入大鼠结肠溃疡模型中，通过体内示踪检测，发现骨髓干细胞在结肠受损部位转化为结肠上皮细胞。基于骨髓干细胞的这一特点，在溃疡性结肠炎的临床试验中，骨髓干细胞运用最多。

自体骨髓干细胞移植不必进行分离扩增，在结肠微环境中可以自行分化。也不会出现异体供体的排斥反应。2003 年 Burt 对两例顽固性溃疡性结肠炎患者采用自体骨髓干细胞治疗。患者的症状缓解，随访 15 个月病情未复发，疗效令人满意。

济南军区总医院消化科运用脐血干细胞治疗 11 例顽固性重症溃疡性结肠炎患者，取得较好疗效。所有患者无一例出现并发症，并逐渐停用皮质激素，组织学检查转阴率高。

济南军区总医院分离脐血干细胞用的是一种特殊的试剂盒，能有效除去样本中红细胞、血小板及血浆物质，干细胞回收率达 85%以上，并完整保持干细胞原有的生物活性。使临床分离骨髓和脐血更加简便快捷。分离后的干细胞经股动脉插管至肠系膜下动脉注入，一个月后干细胞开始发挥作用，修复损伤的结肠黏膜。

为什么不用骨髓干细胞而选择脐血干细胞呢？医院江学良主任认为：来自病人的骨髓有时质量不够好影响效果。脐血干细胞更原始，繁殖能力更强，生长速度更快，因而效果更好。而且脐血干细胞表面抗原性较弱，不需要清髓处理也不必配型。因此脐血干细胞渐渐取代了骨髓干细胞，成为济南军区总医院医生们的一手“绝活”。

## 干细胞战胜克罗恩病

克罗恩病和溃疡性结肠炎一样，都属于自身免疫系统紊乱形成的炎症性肠病。由于患者免疫细胞错误地攻击自身胃肠组织，造成消化道各个部位出现炎症和溃疡。

克罗恩病的临床表现为腹痛、腹泻、腹部包块、瘘管形成及肠梗阻。从X射线拍照的影片上可以看到，病变的肠道充血肥厚，肠黏膜表面如同嵌满鹅卵石的小路一样高低不平。疾病晚期因为多个溃疡穿透肠壁，可导致肠穿孔、肠道狭窄和肠梗阻。

目前的药物只能暂时控制克罗恩病的症状。随着疾病不断发展，药物会逐渐失去效果，高达70%的患者需要手术来切除坏死的肠壁。然而术后的复发率非常高，病情发展的结果只有将小肠全部切掉，靠静脉注射营养液体维持生命。对于药物和手术都不能控制病情的晚期患者，生命的希望之光在哪里？

2001年，美国芝加哥西北纪念医院的免疫学专家伯特为两例克罗恩病患者进行了干细胞试验性治疗。第一名患者22岁，9年来每天十几次泻肚，什么治疗方法也不能奏效。经过干细胞移植后病情显著好转，已无腹泻和腹痛，且能进食了。见这个患者效果如此理想，医生们信心大增，他们又为另一名16岁患者进行同样治疗，疗效也十分乐观。

巴塞罗那一家医院从2008年至今，有数名克罗恩病患者从干细胞移植中受益。其中80%患者处于疾病完全缓解期，20%经过移植后有了明显改善。

我国首例干细胞治疗克罗恩病于2008年在南京鼓楼医院完成。患者是一名中年男子，体重只剩下40公斤，已不能进食，生命垂危。经患者同意后，鼓楼医院的专家们采用自体造血干细胞为其治疗。三个月后，患者回到医院复查，体重已增至58公斤，食欲良好，腹痛、腹泻等症状也全部消失，各项检查指标显示正常。

采用自体干细胞治疗时首先需要对患者进行大剂量化疗和放疗，摧毁病态的免疫系统，以除去机体"过度"的免疫应答。然后把事先从患者体内提取的干细胞再回输给患者，重建患者的免疫功能，达到缓解和治愈疾病的目的。

自体造血干细胞移植的优点是不需要寻找供者，安全性高。但由于血液中异常的免疫细胞仍然存在，因此复发率也高。应用CD4阳性细胞纯化技术可以克服这一缺陷。目前国内外越来越多的医院将这种方法用于克罗恩病的治疗。但是由于观察的病例数较少，观察的时间较短，远期疗效还需要长期观察。

### 干细胞重建免疫功能

我们的机体每天要和许多细菌、病毒、寄生虫等外来异物接触，当身体受到致病微生物威胁时，通过激活自身的免疫细胞应答，杀伤和消灭来犯之敌。

免疫系统是人体防御病原入侵的"健康卫士"。如果免疫细胞数量减少，活性下降，则防御能力减弱，容易导致感染和肿瘤等疾病发生。免疫系统主要受免疫细胞、细胞因子和内分泌激素的调节，是一个复杂的网络系统，任何因素的改变都会引起免疫功能异常。

人类在长期进化过程中，为保护自己和防御敌人，建立了一套识别“自我”和“非我”的机制。只对进入机体的病原异物发起进攻，而对自身组织和细胞处于无应答状态。但在某些情况下，免疫系统也可能犯错误，“利令智昏”地把自己的组织细胞误当做外来的“敌人”进行攻击，结果造成自身组织器官的破坏，导致自身免疫病的发生。

自身免疫病包括系统性红斑狼疮、类风湿性关节炎等 40 余种疾病，几乎涉及人体所有的组织器官。虽然这些病各具不同的症状，但引起疾病的原因却有一个共同点，那就是自身免疫系统对自身组织器官的伤害。如果免疫系统攻击自身关节，人体就会患类风湿性关节炎；如果免疫系统攻击自身肠道，就会患克罗恩病或溃疡性结肠炎；如果免疫系统攻击自身神经髓鞘组织则出现多发性硬化症的病理变化……

临床上对自身免疫病尚无理想的治疗方法。主要的对策是给予免疫抑制剂。但即使是近年开发的高效免疫抑制剂也是非特异性的，使用后会造成全身免疫能力低下，抵抗力下降，即使轻微感染也会引起新的疾病。

1977 年，Baldwin 在用骨髓干细胞移植治疗再生障碍性贫血的过程中，意外发现患者的类风湿关节炎得到缓解，显示干细胞对于自身免疫性疾病的疗效。自此以后，研究人员的目光开始聚焦到运用干细胞治疗自身免疫病的领域。

美国国家卫生院一家研究所为 19 名多发性硬化症患者施

行了干细胞治疗,其中18名患者治疗后病情有较大改善。南京大学医学院附属鼓楼医院采用自体骨髓干细胞治疗重症自身免疫病59例均获得较好疗效,绝大多数患者病情有不同程度改善。长期疗效正在进一步随访观察中。

有资料表明,在过去的十余年里,世界上已有上千名自身免疫病患者接受了不同类型的干细胞治疗。其中900多例接受的是自体造血干细胞移植,30%患者获得了长期缓解,且没有发现严重的不良反应。

目前临床应用较多的是自体或异体来源的造血干细胞,自体干细胞获得方便,不会发生移植物抗宿主反应。但是Euler用自体干细胞治疗5例自身免疫病发现,由于回输的自体干细胞未经免疫净化处理,结果所有患者在短期内病情复发。提示人们不能使用未经处理的自体干细胞。因为其中含有异常的免疫细胞,直接使用无异于“放虎归山”。

美国西北大学治疗自身免疫病同样也使用自体造血干细胞,但奇怪的是,他们治疗的患者却无一例复发,随访最长的患者已达两年。目前这些患者已经恢复正常生活,并且停用一切药物。

由于干细胞移植治疗自身免疫病还处于探索阶段,还有许多问题没有解决,如治疗的适应证如何掌握,预处理方案如何选择,采用什么来源的干细胞更适宜等。这些问题需要临床大样本对比观察,长时间随访和进一步深入进行基础研究才能得到解决。

干细胞移植为难治性自身免疫病开辟了道路。从战略上为除掉已经敌我不分的免疫细胞,把正常免疫细胞放回体内提供了新思路。在摧毁病变的免疫系统和重建新的免疫功能的过程中，患者的免疫能力可能达到新的平衡和耐受，从而达到治愈疾病的目的。尤其对于那些药物和手术治疗都无法阻止病情恶化的晚期患者，干细胞移植不失为一种挽救生命的有价值的方法。

## 攻克红斑狼疮顽疾

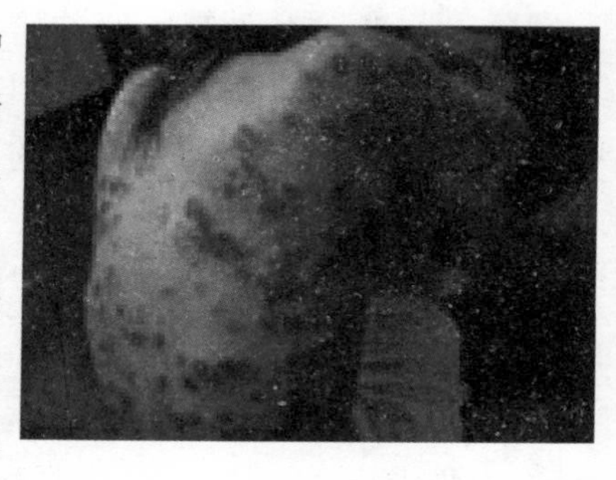

系统性红斑狼疮是一种病因不明的自身免疫性结缔组织病。以患者体内存在多种致病性抗体，病变累及全身组织和脏器为特征。患者颜面或其他部位出现典型的皮肤损害，看上去就像被狼咬过一样。同时，身体其他组织器官如心、肝、肾、脑等也会出现损坏。病程迁延反复，严重影响了患者的生活质量。

我国约有 100 万红斑狼疮患者，发病率远远高于西方国家，且近年来发病呈上升趋势，女性发病率远高于男性。

临床上常规治疗方法以大剂量糖皮质激素为主，联合使用免疫抑制剂，虽然在一定程度上能够控制病情发展，但药物的毒副作用不可避免。对于部分顽固耐药者来说，药物已渐渐失去作用。医生们常常眼看着患者病情一天天恶化而一筹莫展。

随着干细胞技术的快速发展，大量动物实验和临床试验结果证实，干细胞移植已成为治疗红斑狼疮的适应证之一。

世界第一例自体骨髓干细胞治疗红斑狼疮由意大利科学家首创。随后，这项研究迅速在全世界展开。但是人们很快发现，红斑狼疮患者的骨髓干细胞存在异常，如果不能把这些异常细胞分离剔除出去,会导致疾病复发和移植失败。因此如果选择自体骨髓来源的干细胞进行治疗,细胞纯化技术就显得非常必要和关键。

我国第一例异基因造血干细胞移植治疗红斑狼疮在广州珠江医院完成。患者是一个患病6年的15岁女孩。开始是膝关节和踝关节出现不明原因的肿痛,后来面部出现红斑,全身无力,遂确诊为本病。患者一直使用激素和免疫抑制剂,但病情仍然加重,已经出现了肾功能损害的严重后果,如果不能阻止病情发展,还将累及其他脏器受损。

幸运的是,患者与其胞弟的HLA配型完全吻合,珠江医院的专家们从她兄弟的身体里提取了造血干细胞,为患者施行了移植手术。手术进行得非常顺利,没有出现严重的排异反应,移植一个半月后,患者的各项检测指标恢复正常。这次手术不仅在中国是第一例,在亚洲地区也属首例。

异基因造血干细胞移植的效果固然好,但受到供体来源困难、排斥反应发生率高以及费用高的限制,并非一种理想的治疗手段。近年研究发现,骨髓中另一类具有自我更新和分化潜能的间充质干细胞具有优势。但是红斑狼疮患者不仅骨髓干细胞异常,间充质干细胞同样存在缺陷。因此,使用异基因来源的间充质干细胞成为临床试验性治疗的首选。

我国孙凌云教授于2007年用骨髓间充质干细胞治疗2例难治性红斑狼疮获得成功,次年又收治了9例患者。经过治疗后患者症状明显缓解,随访6个月未见复发。张华勇报道11例重症红斑狼疮患者经过间充质干细胞治疗后,随访1～13个月内所有患者的各项检查指标都呈现好转,未出现移植相关并发症。

使用骨髓间充质干细胞治疗具有以下优点：①间充质干细胞具有低免疫原性，使用异基因来源的干细胞一般不会发生免疫排斥反应，移植成功率高，安全性好；②移植无需清髓处理，无感染等并发症，也不需要层流净化病房；③来源丰富，可以从骨髓获得，也可以从外周血、脐血中分离得到，体外培养扩增方便；④治疗效果好，移植的间充质干细胞在体内可以长期发挥作用，必要时可以多次移植；⑤住院时间短，治疗费用低。

干细胞治疗系统性红斑狼疮顽症取得的初步成果令人鼓舞。虽然这项技术还存在诸多不足需要克服，但我们相信，这一新技术的潜在应用价值将不断体现出来，为更多的红斑狼疮患者带来福音。

## 遏制多发性硬化症

多发性硬化症是一种自身免疫性疾病，青年和女性多发。常见症状有感觉异常，尿便障碍，视力下降，共济失调等。患病初期发病间隔可能数月甚至数年，随着病情发展，发病间隔越来越短，持续时间越来越长，最终导致中枢神经功能丧失和全身瘫痪。

多发性硬化症的病因和发病机制尚未完全明确。目前普遍认同的机制为：某些携带先天遗传易感基因的个体，在后天环境中遭遇病毒感染等外因刺激，机体免疫细胞被诱导激活，错误地攻击自身中枢神经系统而致病。

患者大脑的病理学改变为：神经脱髓鞘和硬化斑块形成。什么是髓鞘呢？髓鞘是包绕在神经纤维外面的隔离层，类似于电线外面的塑料皮。在多发性硬化症患者的脑内，免疫系统错误地攻击神经髓鞘，造成髓鞘剥离，裸露的神经纤维结块硬化。

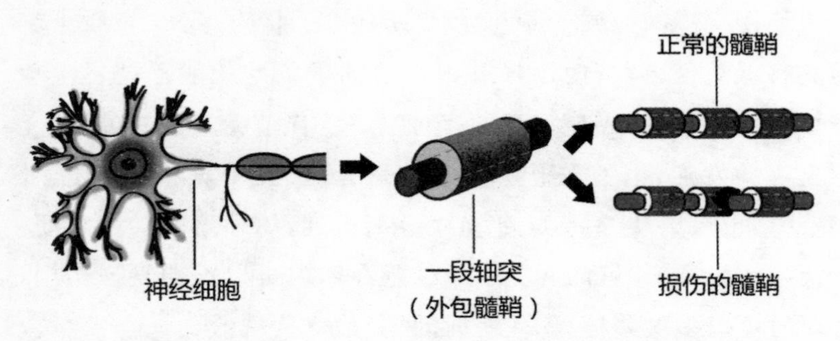


由于脱髓鞘造成神经“短路”，神经细胞间的电信号再也不能快速有效地传达。因而导致一系列临床症状发生。

每一例多发性硬化症的临床表现不尽相同。有的人身体某一部位刺痛、麻木或软弱无力，有的患者走路跌跌撞撞，还有人表现为视力障碍、口齿不清等。为什么患者的表现不一样呢？这是因为脑中脱髓鞘的位置不同。神经损伤的区域决定了相对应的身体部位发生功能障碍。

到目前为止还未发现从根本上治疗本病的办法。药物如激素、免疫抑制剂、干扰素等只能暂时缓解疼痛、痉挛、僵硬等症状，难以阻止病情进展和最终走向恶化。

意大利圣拉斐尔医院的研究者将干细胞注射到患多发性硬化症而后肢瘫痪的实验鼠体内。结果 15 只鼠中 4 只完全恢复正常，余下 11 只鼠症状也有所改善，只残留轻微的尾巴瘫痪。注入的干细胞 40％转变为新的髓鞘，重新包裹裸露的神经纤维，恢复神经传导功能。实验鼠治疗成功为人体临床试验拉开了序幕。

1997 年，Fassas 率先对 15 例进展型多发性硬化症患者进行了骨髓干细胞移植。这些患者有严重肢体残疾，各种治疗均告无效，处于病情进展加重状态。经过治疗后患者临床症状改善，脑部病灶缩小，只有两例出现复发和一例恶化。

随后Fassas再接再厉，又选择了85例患者进行干细胞治疗，随访三年中病情稳定无进展的为74%，死亡7例，其中5例死于移植相关并发症，2例死于疾病本身。他的研究引起了医学界广泛关注。自那以后，干细胞移植的临床试验结果不断见诸于报道。

南京鼓楼医院是我国第一家应用自身造血干细胞治疗多发性硬化症的医院。该院收治的第一位患者名叫张巧英，患病两年多来曾四处求医，然而病情仍然进行性加重，直至完全瘫痪在床。

手术后两个月后，张巧英开始下床行走，各项检查指标基本恢复正常。

一位患病18年的美国老太太Sheila，不远万里来到海南农垦总医院要求做干细胞治疗。术前，她的腿、脚、胳膊甚至眼皮都不听使唤，所有的治疗都没有效果，病情反而越来越严重。术后不久，她奇迹般地从轮椅上站起来自行行走了。

作为近年来兴起的一项新技术，造血干细胞移植治疗多发性硬化顽症已经获得了初步的临床经验。迄今为止，全世界已有近500例多发性硬化症患者接受了干细胞移植治疗，其疗效令大多数患者满意。干细胞的介入可有效地抑制活动病灶，减少复发次数，改善患者的生活质量。但由于这项研究刚起步，尚有许多令人疑惑的问题，例如哪些患者适合而哪些患者不适合这项治疗，选择怎样的观察项目才能客观评价治疗效果，等等。解决这些问题需要大量基础和临床研究的跟进，当然，还需要花费大量的时间和经费。

由于这项技术尚不完善和成熟，因此医生在选择适应证患者时是持慎重态度的。值得一提的是，对于那些病情进展迅速，使用常规治疗办法已经完全无效的患者，目前可能唯有采用干细胞移植才能挽救生命。

### 重症类风湿关节炎的克星

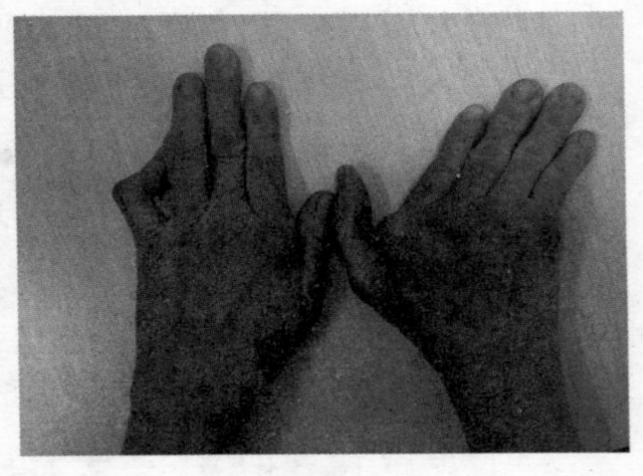

类风湿关节炎是一种高度致残的自身免疫性疾病，病变初起于滑膜组织，逐渐发展到全身关节出现强直畸形和功能丧失，发病十年的患者中至少有50%的人失去劳动能力。

发病原因可能与遗传有关，比如已查出携带HLA－DR4基因的人容易患类风湿关节炎和寻常性天疱疮。除此以外，环境因素的参与也极其重要，如发现感染A族溶血性链球菌后易发病。但环境因素的介入也不是绝对的，例如那些不具备易感基因的人即使感染A族溶血性链球菌也不一定会发病。说明引发类风湿关节炎的原因是多方面的。在个体具备易感基因的基础上，外界多种因素促使免疫系统发生紊乱，自身抗体破坏自体结缔组织引起类风湿关节炎发病，这种观点已经得到医学界较普遍的认同。

1977年，国外一名患者因患再生障碍性贫血进行了骨髓造血干细胞移植，没料到原本患类风湿关节炎的旧病得到缓解。科学家由此得到启发，开始有意识地将造血干细胞用于常规治疗无效的重症类风湿关节炎患者。这一招出乎意料地收到效果，拯救了一些患者的生命。

原来，人体免疫细胞是从造血干细胞发育分化而来的。现在免疫系统发生异常了，如果造血干细胞可以生发出新的细胞，替换掉有缺陷的免疫细胞，自然可以减少炎症因子对关节和软骨的侵害，干预疾病的发展过程。

造血干细胞移植分为自体移植和异体移植两类。国外已有异体干细胞移植根治类风湿关节炎的报道。美国有位患严重类风湿关节炎的患者，病情发展到现有的一切治疗手段都不起作用。眼看类风湿关节炎如山洪暴发般不可阻挡，生命即将凋零。恰好这位患者有位双胞胎兄弟非常健康，没有任何类似疾病。于是医生把他兄弟的造血干细胞输给这位患者。结果患者的顽疾获得彻底治愈。不仅所有的症状全部消失，而且不需服用任何药物，每天像正常人一样骑车、游泳。

可是，世上有多少类风湿关节炎患者如他这般幸运，有双胞胎兄弟来相救呢？异体干细胞移植由于宿主排斥反应强烈，死亡率高，临床上很少应用。较多运用的是自体造血干细胞移植方法。

2004 年，欧洲骨髓移植和抗风湿病联盟对 70 余例类风湿关节炎移植患者进行回顾性分析，这些患者的关节破坏都达到不可修复程度，生活不能自理。通过自体造血干细胞移植治疗后 67％的患者得到明显缓解，仅一例死于感染和并发肺癌。

我国国内多家医院开展了干细胞的临床试验性治疗。如北京协和医院、河北医科大学第三医院、南京鼓楼医院等。

第一例自体干细胞移植治疗类风湿关节炎在北京协和医院完成。经过 5 个月随访，患者症状已获得改善，关节肿胀消失，各项检查指标恢复正常。以后该院又成功完成 6 个病例。这些患者都属于药物治疗失败而病情进展迅速类型。经过治疗均获得缓解,无一例死亡。

其中有一位患者在移植术后 15 个月后复发,再次出现关节肿痛,但是服药后迅速缓解。而这位患者在移植术前病情已经严重到药物已不起任何作用。因此移植对她是有意义的。起码药物可以重新有效。目前对她随访已达 48 个月,病情仍处于完全缓解状态。

从世界范围内大规模运用干细胞移植治疗类风湿关节炎的结果来看,大多数患者对这一新颖疗法具有很好耐受性,病情获得明显缓解。

遗憾的是,移植后复发很常见。复发的原因可能与干细胞纯化不彻底,使有缺陷的免疫细胞再次进入人体有关。但是令人欣慰的是,复发后的患者又重新获得对药物的敏感性,且复发后再次移植又能再次争取缓解机会,对于那些药物失去作用的顽固性病例,干细胞治疗有着毋庸置疑的积极意义。

选择适合移植的患者主要依据下列指标:①患者无主要器官受损,能够耐受大剂量化疗和手术;②传统治疗方法已经无效的患者;③疾病发展迅速导致严重致残或生命危险的患者。

## 为坏死股骨头“抢险救灾”

吉林有一位姓许的小伙子,从小热爱运动,在一次攀岩活动中,一不小心从高处摔下来,痛得他呲牙咧嘴直叫唤,几天后仍不能下床。到医院一检查,双侧股骨头已坏死变形。按照常规治疗方法,应行人工关节置换手术。可是人造股骨头的寿命一般在 10～15 年,这位青年才 27 岁,一辈子需要更换多少副人工关节呀！

为小许接诊的是沈阳463医院的杨晓凤主任，这是一位学术精良又极负责任的医生。他当即决定用干细胞为小许治疗。虽然干细胞治疗股骨头坏死在如今并不稀奇，国内上百家医院都开展了这项业务。但在那时候，国内尚无先例。杨主任敢为人先，做第一个“吃螃蟹”的人，并不是仅凭勇气，而是具有充分依据和成功把握才作出这样的决定。

首先，干细胞治疗股骨头坏死在动物实验上已取得成功。科研人员用液氮冷冻法使新西兰大白兔的股骨头发生坏死，然后在坏死部位植入干细胞。两周后，大白兔的股骨头处出现了大量的成骨细胞。八周后，正常骨小梁也长成。实验证明干细胞能够重建骨结构以替代坏死的骨组织。

干细胞治疗人体股骨头坏死在国外已有报道。法国科学家运用该技术治疗116例股骨头坏死患者效果显著。其中87.3%的患者髋关节疼痛缓解；78.4%的患者关节功能改善；80%的患者行走间距延长。动物实验和人体临床试验的结果使杨晓凤主任对小许的治疗充满信心。

小许的移植手术进行得很顺利。杨主任把取自小许自身的骨髓干细胞经过技术处理后注入股骨头。两周后小许可以下地行走了，遂出院回家休息。

10个月后，小许来医院复查。医生们高兴地看到，小许的股骨头周围已长出丰富的血管，表明移植的干细胞已成活。当天，小许扔掉了双拐，大踏步地走上回家的路。

股骨头坏死是一种严重危害人类健康，致残率极高的常见疾病。在有外伤史、大量应用激素史、酗酒史及相关疾病的人群中发病率明显增多。据不完全统计，全世界股骨头坏死达3千万人，我国约有 420 万人，每年新增 15～20 万人。60％以上的患者最终丧失正常生活和劳动能力，被人们称为“不死的癌症”，给社会和家庭带来沉重负担。

股骨头坏死的主要症状为髋关节周围疼痛，活动后疼痛加剧，跛行、患侧足不能落地。如不及时治疗会导致终身残废。无论是什么原因引起的股骨头坏死，股骨头由于血液循环障碍导致缺血坏死是最终结果。

骨髓间充质干细胞在骨髓中含量丰富，在治疗股骨头坏死方面显示了巨大潜力。间充质干细胞进入病变关节区域后，能分化为成骨细胞、软骨细胞和新生血管，全面修复被破坏的股骨头结构和功能，尤其在关节损伤情况下成骨活性更强。在支离破碎的病灶部位，干细胞如同“增援部队”从天而降，为坏死的股骨头进行“抢险救灾”。

自体间充质干细胞移植属于微创手术，安全无痛苦，创口小，出血少，住院时间短，疗效确切。而且干细胞来自患者自身，不会出现过敏和排斥反应。其优越性越来越受到临床青睐。大连中山医院为 50 名早期股骨头坏死患者进行干细胞治疗均取得较好疗效。

需要强调的是，干细胞治疗并不能针对所有股骨头坏死。按照国际标准，股骨头坏死分为四期：第一期，超微结构变异期；第二期，有感期；第三期，坏死期；第四期，致残期。干细胞治疗只对第一和第二期有效。而且越早治疗效果越好。

在股骨头损伤早期，局部环境的破坏不是十分严重，为干细胞分化发育提供了有利条件。病情发展到晚期，骨小梁断裂塌陷，关节间隙狭窄。干细胞生存的微环境将变得十分恶劣，疗效自然会不佳或无效。因此股骨头坏死发展到第三期或第四期的患者，可能只剩下选择假体做人工关节置换这一条路了。

## 告别男性不育

精子是男性睾丸中成熟的生殖细胞。它形似蝌蚪，由包含遗传物质的椭圆形头部和具有运动能力的细长尾部构成。精子与卵子结合成为受精卵后，标志着一个新的生命从此开始。可是天意弄人，世上有不少夫妇罹患不孕不育症，时刻为无法拥有自己的子女而苦恼不堪。

造成不孕的原因约50%来自男性，其中又有70%～90%是因为男性精子发生障碍，导致无精或少精而引起。这种现象呈逐年递增态势，专家分析可能与环境污染有关。

试管婴儿的第一声啼哭给不孕症夫妇带来福音。如果男方精液不正常，医生可以通过穿刺的方式，从睾丸组织中抽取精子，将这些精子与卵子在体外受精，待受精卵形成早期胚胎后，再移植到子宫内孕育。这就是人们常说的试管婴儿。据估计，目前全世界健康存活的试管婴儿已达到10万人。

然而事物都有两面性。如果提供精子的人是夫妻以外的第三者，那么谁是孩子真正的父亲？是供精者还是养育者？出现法律纠纷怎么办？这些问题着实令人困惑。据报道美国有这样一位医生，在行医 20 多年的生涯中，故意只提供自己的精子给不孕症妇女，结果制造了 6000 多个有他血统的孩子，最后锒铛入狱。意大利有位妇女名叫伊莎贝拉，她的丈夫患不育症。她用精子库中的冷冻精子受孕，生下了一对双胞胎女儿。可万万没想到的是，使她受孕的精子与 20 年前使她母亲受孕的精子出自同一个人。

2006 年，传出一则震惊世界的新闻，英国科学家在体外将实验鼠的精原干细胞培育成了精子。精原干细胞是精子的前体细胞，是一群具有高度自我更新和多向分化潜能的干细胞，在男性睾丸微环境中经数次分裂后形成精子。

英国科学家首先从出生 8 天的雄性小鼠体内提取精原干细胞，移植到从其他小鼠摘取出来的睾丸中，经过 43 天的体外培养，精原干细胞发育成了精子。把这些精子植入雌性小鼠体内，产出 5 只小鼠。这 5 只小鼠很快长大，其中 3 只雌鼠通过自然交配，又产下 21 只小鼠。

相似的手术在切除睾丸的人身上也做过，获得了同样理想的结果。预示着从睾丸中提取生殖细胞后，人工将其培养成精子是不成问题的。如果这一天终于到来，很多没有生育能力的男性再也不用借助别人的精子成为父亲了。

每年有许多年轻的癌症患者需要接受放疗和化疗。这类治疗会破坏男性内源性精子，导致长期或永久性不育。为了保存患者的生育能力，治疗前把精原干细胞取出来低温储存，等治疗完成后再把它送回睾丸不失为一个好办法。对于那些精子发生还没有开始的未成年癌症患者，采取低温储藏精原干细胞的措施可以保存生育能力。而且低温方式并不会影响日后精子的生成。

英国纽卡斯尔大学的科研团队已经掌握了从男性或女性身上提取骨髓干细胞，然后培育成人造精子的技术。他们做的这些人造精子不仅可以游动，还具备正常精子的蛋白质和染色体，能够和卵细胞结合最终发育为胚胎。人造精子问世，不仅为男性不育症患者带来福音，也意味着女性可以用自己的卵子与干细胞制造的精子结合，独自繁衍后代，完全不需要男性参与。

日本和韩国的科学家早在 2004 年，用两只雌性小鼠的细胞，培育了一只没有父亲的小鼠，取名叫“辉夜姬”。国外一些同性恋夫妇闻听此说大为振奋，希望通过干细胞技术，获得拥有他们或她们血统的亲生骨肉。当然，培育人造精子的科学家可没这么想。他们是为科学工作，而不是为独身者或同性恋家庭生孩子提供技术服务的。

你知道吗？用女性细胞培育的人造精子只能生女儿。每个人有 23 对染色体，其中 22 对男女都相同，第 23 对染色体男性是 XY 型，而女性是 XX 型。由于女性细胞中缺少生育男孩的 Y 染色体，所以只能生女孩。只有男性细胞培育的人造精子与卵子结合，孩子的性别才是随机的。

目前人造精子仅限于实验室研究阶段，远未达到投入应用的程度。“假如有一天这项技术成熟了，不仅能让不孕不育患者受益，甚至那些长眠于地下的人也可以用尸体上的皮肤做出精子，在坟墓里创造出自己的后代来。”

## 肿瘤干细胞学说

恶性肿瘤就是人们常说的癌症，在 21 世纪，恶性肿瘤是引起人类死亡的第一大杀手。资料显示，每年全球约有1270万人患肿瘤，死亡约760万人。

20世纪初，恶性肿瘤患者几乎完全没有长期生存的可能性。随着时代进步和科技发展，恶性肿瘤的生存率在不断提高，各种医疗手段综合应用以后，其中三分之一的患者可以生存5年以上。可是医学界对于肿瘤发生的机理以及如何做到早期诊断和有效治疗，仍然未能完全掌握。

肿瘤是怎么发生的呢？传统理论认为，每个正常人体中都存在癌基因，经过千百年进化保持静止不增殖状态。当人体受到外界环境有害因素刺激后，如病毒和毒物等，使体内专门调控细胞繁殖速度的基因失控，导致细胞疯狂扩增而形成肿瘤。

在培养瓶内，科学家发现，正常细胞在长满瓶底后会暂时停止生长，但癌细胞却无论生长密度有多大，容器内多么窄小拥挤仍然不停生长。而且对于癌细胞极易转移这一点，全世界的科学家都无法作出令人信服的解答。

1997年，加拿大多伦多大学的Dick和同事们从白血病患者的血液中分离出白血病细胞，这种细胞和干细胞有惊人的相似之处，都具有自我更新和无限增殖的特性。科学家将这些能引起白血病的细胞定义为白血病干细胞。白血病干细胞与正常干细胞不同的是：正常干细胞的增殖是受控制的，而白血病干细胞的增殖是失控和无序的，它疯狂生长的后果是导致癌症。

几年后，科学家相继从骨髓瘤、肺癌、黑色素瘤、前列腺癌等多种类型肿瘤组织中成功分离、提取和鉴定出肿瘤干细胞。Clarke从乳腺癌中分离出乳腺癌干细胞；Arthur从脑癌中分离出脑肿瘤干细胞；Kim从支气管和肺泡交界处分离出肺癌干细胞；Lowes和Hsia在乙肝、丙肝、酒精肝中观察到肝癌干细胞的存在，将分离出的肿瘤干细胞移植到严重免疫缺陷小鼠体内，可启动小鼠肿瘤的发生。

以上实验不仅为肿瘤干细胞的存在提供了直接证据。而且结果显示，肿瘤干细胞的表达水平越高，病情就越严重，恶化进程就越快，预后也越差。

据此可以推断，肿瘤其实是由干细胞演变而来的。是干细胞在频繁的自我更新过程中，受到病毒、霉菌、射线、化学致癌剂等影响后，DNA 发生错误转录，经过 4～7 次错误转录的积累后，终于发生突变形成肿瘤干细胞。正常干细胞转变为肿瘤干细胞这一过程，需要几年到几十年的时间才能完成。

肿瘤干细胞的发现，是癌症研究中最引人注目的成就，使我们对肿瘤有了全新的认识，为肿瘤的发生和复发提供了合理的解释，也为寻找更有效的抗癌办法提供了新思路。

过去人们曾错误地认为，所有的肿瘤细胞都有增殖和转移能力，按照这一理论指导临床实践，往往以肿块大小来判定治疗效果。

事实上，肿瘤干细胞在肿瘤中的含量很少，仅占百分之一到万分之一的比例。但它致癌能力极强，哪怕只有 0.01％的肿瘤干细胞存在，就会形成星星之火可以燎原之势，使肿瘤复发的可能性变得很大。据此，把治疗目标放在使肿瘤体积缩小是错误和片面的。

实际上，即使肿瘤体积没有缩小，但如果具有分化增殖能力的干细胞被杀灭了，肿瘤最终是会退化萎缩的，不会威胁人的生命。相反，如果仅仅只是瘤体缩小甚至消失，而其中的肿瘤干细胞还存在，则不用很长时间，肿瘤还会复发和转移，病情仍会一步步走向恶化。

肿瘤干细胞学说给人的启示是:现有的治疗方法不能根治肿瘤的原因可能是瞄错了靶,只是杀死了肿瘤细胞而没有杀死肿瘤干细胞,让这个可恶的肇事元凶“逍遥法外”。

有研究者质疑对患者采取手术切除肿块和放疗化疗是否合理。因为临床治疗发现,手术后一天至一个月内,癌细胞向肝、脑、肺等的转移速度比手术前不是减慢了,而是加快了10倍不止。

放疗和化疗对肿瘤患者而言只能起到缓解症状的作用,根本不能杀死肿瘤干细胞。一种可能性是肿瘤干细胞对药物耐受性比一般细胞强,另一种可能性是肿瘤干细胞受到刺激后生长速度更快,使肿瘤恶化速度加快。

肿瘤干细胞的新学说问世具有非常重要的意义。它改变了我们对肿瘤发生的认识,也一定会改变治疗肿瘤的方式,那就是:把治疗的靶点放在剿杀肿瘤干细胞身上,才有可能彻底攻克癌症。

## 向癌症挑战

我国在20世纪60年代就利用骨髓移植治疗血癌,使众多白血病患者得到救治。随着这项技术不断进步和完善,从80年代起造血干细胞移植逐渐推广到治疗恶性实体瘤,并获得了可喜的成就。

造血干细胞治疗恶性实体瘤并非直接针对肿瘤本身起作用。它需要和大剂量化疗、放疗结合在一起,启动机体对肿瘤细胞的免疫应答来达到治疗目的。为中晚期不能手术或不愿手术的恶性肿瘤患者提供了一条新的治疗途径。

众所周知,药物使用的剂量越大,效果就越好。药物剂量与疗效之间存在着显著相关性。例如常用的抗癌药环磷酰胺，如果超过常规剂量5～10倍时，不仅可以杀死静止期的肿瘤细胞，还能杀死耐药的肿瘤细胞，达到最佳效果。

然而，大剂量化疗药在杀伤肿瘤细胞的同时，也伤害患者正常的组织细胞，尤其对造血系统造成严重破坏。使患者并发免疫功能低下后遗症，使病情再度恶化。

如何做到既能最大限度杀死肿瘤细胞，又能保护患者的生命安全呢？

造血干细胞移植很好地解决了这一难题。在进行大剂量化疗前，把体内造血干细胞"引渡"到体外免遭化疗药物或放射线毒害，化疗结束后，再把它们送回体内，重建造血和免疫功能。这就是干细胞治疗恶性实体瘤的原理。

造血干细胞有四种来源即：骨髓来源、外周血来源、脐血来源和胎肝来源。其中外周血造血干细胞是临床普遍应用的干细胞来源。它有许多优势：①实体瘤对于造血系统的侵犯相对较少；②自体造血干细胞采集方便无痛苦；③从自身获得的干细胞不存在组织相容性问题因而相对安全。

西安第四军医大学西京医院在一次临床试验中，为81例恶性实体瘤患者实行大剂量化疗联合自体干细胞移植治疗。他们把患者随机分为两组，第一组采用单周期疗法，即超大剂量化疗一次后将干细胞回输。美国、西班牙等国家一般都采用这种方法。第二组采用多周期疗法，即多次超大剂量化疗和分次回输干细胞。结果，单周期疗法组有效率只有40%～50%，而多周期疗法组有效率达到70%以上，证明多次超大剂量化疗联合干细胞移植更能充分有效地杀灭肿瘤细胞，增强治疗效果。

自体干细胞移植需要特别注重的问题是：已经发生转移的

肿瘤患者血液中可能存在癌细胞。因此回输前有必要进行纯化处理,彻底清除血液中的癌细胞。哪怕只有极少的癌细胞混入其中,重新回到患者体内,就会使整个治疗前功尽弃。

晚期肾癌是一种恶性程度极高的疾病,患者存活期一般不超过一年,而且现有的治疗手段拿它没办法。科学家利用异基因造血干细胞移植治疗 19 例晚期肾癌患者,53%的患者获得好转,其中一些患者在治疗后两年中,健康状态良好,无复发迹象。

Peters 等人用大剂量化疗加自体骨髓移植办法治疗 518 例已有淋巴结转移的乳腺癌患者,3 年生存率达到 79%。是干细胞帮助这些绝症患者战胜了病魔,赢得了生命。

适用于造血干细胞治疗的实体瘤有卵巢癌、乳腺癌、睾丸癌、霍奇金淋巴瘤、小细胞肺癌、神经母细胞瘤、多发性骨髓瘤、脑癌等,以及对放疗或化疗敏感的肿瘤,但对胃肠道肿瘤如食道癌、胃癌、肠癌疗效差。

造血干细胞移植安全吗? 这是许多人关心的问题。严格地说任何一项医疗操作都有一定风险,干细胞移植也不例外。但目前尚未发现严重不良反应的报道。我们建议患者选择有条件和资质的正规医院接受治疗。

目前对于肿瘤的干细胞治疗研究仅处于起始阶段,距离完全战胜和攻克这一顽症还有很长的路要走。

首先是肿瘤干细胞的表面标志很难寻找,其次是针对特异性靶点进行定向杀灭的研究困难重重。但是,干细胞治疗作为手术、放疗、化疗三大常规疗法以外的第四种全新方式,颠覆了传统治疗的模式,以其无创伤,无毒副作用,增强自身免疫力,强效杀灭癌细胞并阻止复发和转移的优势,开创了一个新的治疗方向,成为最具发展前景的前沿技术。

# 第六部分

# 干细胞与组织工程

## 组织工程发展的快车道

每年,全世界有上千万患者因为疾病和创伤,导致组织器官缺损或功能丧失,需要修复和重建。可是人类没有蝾螈和壁虎那样的本事,断了尾巴能重新长出来,缺了四肢有新的替补。人类只能借助医学手段进行缺损组织器官的修复。传统的修复方法有自体移植、异体移植和使用组织代用品 3 种,但是这些方法都分别存在弊端,难以再生完全令人满意的组织器官。

**自体移植**是一种截取健康组织修补坏损组织的办法。以制造新的创伤为代价,拆了东墙补西墙。不仅给患者增添新的痛苦,还因为有些器官是人体独一无二的,根本就无法移植。

**异体移植**面临免疫排斥问题,失败率极高。加之器官来源有限,供不应求,造成许多患者在苦苦等待中悲惨死去。利用动物器官来替代,又面临难以克服的排异反应。而且动物体内的病毒一旦转移至人体后果非常严重。

**组织代用品**比如硅胶、不锈钢、金属合金等取代坏损器官在人体创伤修复中多有运用。可是这些代用品没有生物功能，与人体相容性很差，容易引起感染。况且人体有些器官比如内脏器官，是不可能用组织代用品来替代的。

近些年来一门崭新的高新生物技术——组织工程学诞生了。组织工程学的任务是研究器官再生的本质和规律，研制和开发人体“零部件”。组织工程的建立和发展改变了以创伤修复创伤的治疗模式，是外科领域的一次革命。显示出巨大的临床应用前景。

上世纪 90 年代以来，随着干细胞的脱颖而出，催生了这门学科的快速发展。以干细胞为种子细胞进行体外扩增培养，然后放到特殊的生物材料中使其生长，最后移植到人体病损部位，可望实现创伤的完美修复。

组织工程的核心由三大基本要素组成，这三大要素是：种子细胞、生物材料和细胞生长调节因子。几乎所有的组织工程研究都围绕着这三个要素展开。

**1. 种子细胞**

种子细胞是器官再生的物质基础。

细胞来源有两种。①原代细胞，比如切除小块皮肤或者小块肝脏组织，其中的细胞就称为原代细胞。但是这些已经完全分化的细胞分裂繁殖能力差，体外扩增培养后很难保证治疗需要的数量。②干细胞，干细胞是一类具有自我更新和持续增殖能力的细胞，它的特性恰恰满足了组织工程对于细胞的要求，通过控制培养条件，干细胞可诱导分化为人们需要的细胞类型，因此它是组织工程重要的细胞来源。而来自患者体内的干细胞更是理想的种子细胞。

**2. 生物材料**

生物材料是种子细胞赖以生存和依附的支架，它能将细胞固定在一个特定形状上，为其生长繁殖提供场所。

合格的组织工程材料有如下要求：①生物相容性好，不引起炎症和毒性反应；②具有生物可降解性，在体内可被降解或被机体吸收；③具有可塑性和一定机械强度；④具有一定孔隙和孔径，利于细胞均匀分布在材料表面。

目前用于组织工程的支架材料很多，有天然的和人工合成的，还有新型的纳米材料。由于人体结构的复杂性，因此不能笼统确定哪种材料是最好的，只能根据人体组织的不同特点来选择适合的材料。

**3. 细胞生长调节因子**

具备了种子细胞和生物材料仅仅完成了组织器官构建的第一步，在此基础上，还需要一些诱导细胞生长和分化的物质，我们称它为细胞生长调节因子。

科学家设计出一种生物反应器，里面充满细胞生长需要的氧气和营养物质，以及各种调节因子与排除代谢产物的装置。生物反应器可以完全模拟体内环境，为细胞生长繁殖提供支持。它不等同于一个简单的培养容器，而是集自动化、多功能化和高效率于一体，专门培养人体组织器官的现代化装备。

以上三个要素对于组织工程技术制造人体器官是必不可少的。打个通俗的比方吧，如果把干细胞比喻为一株葡萄种子，生物材料就像种葡萄搭的架子，而细胞生长调节因子就好比是水及肥料，有了种子、架子、水及肥料葡萄才能生长。组织工程技术有了种子细胞、生物材料和细胞生长调节因子这些条件，才有可能实现组织器官的构建。

## 表皮干细胞

表皮干细胞是一类具有无限增殖能力，可增殖分化为表皮中各种功能细胞的细胞群。在没有毛发的部位如手掌、脚掌，表皮干细胞位于皮肤的基底层，而在有毛发的部位表皮干细胞则位于毛囊隆突部。目前认为毛囊隆突部是表皮干细胞的主要栖息地，不仅对毛囊的生长起关键作用，而且对皮肤损伤后的修复同样重要。随着年龄增长，干细胞的数量也随之减少。小儿的创伤愈合能力比成人强，就是因为儿童体内的干细胞含量更丰富的缘故。

皮肤是人体最大的器官，由多层细胞有规则地组合在一起，皮肤最上层的表皮由角质细胞构成。角质细胞不断衰老死亡而后脱落，新的表皮干细胞不断生成并迁移到表皮进行补充。表皮下面是真皮层。真皮中有成纤维细胞，它所分泌的胶原细胞和弹性纤维纵横交错，构成网络结构，支撑着表皮细胞，使皮肤具有良好的张力和弹性。

人年轻时皮肤质量好是因为表皮干细胞分化旺盛，能及时补充新细胞，并能将各种代谢产物迅速排出体外。待人一天天老去，干细胞增殖能力减弱，皮肤就会变得干燥无弹性，长满皱纹。所谓容颜衰老，就是表皮干细胞的坏死速度大于更新速度所出现的变化。

表皮干细胞的自我更新分化有两种方式：一种是不对称分裂，即通过分裂产生一个干细胞和一个短暂扩充细胞，而进一步分化的任务则由短暂扩充细胞完成；另一种是对称分裂，即一次分裂产生两个与母细胞相同的子代干细胞。当组织发生损伤时表皮干细胞就采用后一种方式进行分裂，以快速增加细胞数量的方式来满足身体需要。

表皮干细胞的分化是受内在机制决定还是周围环境调控？这一直是个有争议的话题。目前证实，多种分泌因子如干细胞生长因子、表皮细胞生长因子、成纤维细胞生长因子等都可以调节表皮干细胞的分化增殖，决定其最终分化为何种类型的细胞。如 Toma 等人把从真皮中分离出的干细胞在体外分别分化为神经元细胞、神经胶质细胞、平滑肌细胞和脂肪细胞，表明在不同微环境和细胞生长因子作用下，表皮干细胞具有多向分化能力。

几年前，我国中山大学眼科中心实验室把恒河猴的表皮干细胞注入小鼠胚胎中，在随后诞生的三只小鼠身上，检出了恒河猴的 DNA。由此证明表皮干细胞在特定条件下会发生逆分化。而詹姆斯·汤姆森和山中伸弥从表皮干细胞中获得类似胚胎干细胞的诱导多潜能细胞，从而进一步证明了表皮干细胞的逆分化能力。

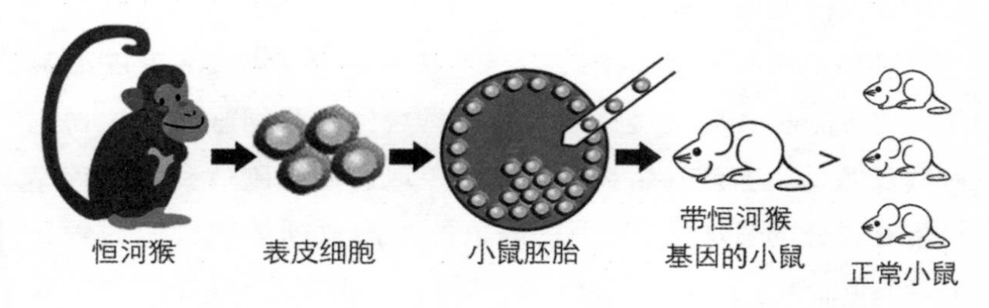


率先在国际上报道表皮干细胞逆分化的是我国青年创伤外科专家、解放军 304 医院的付小兵教授。

付小兵及他领导的课题组，首先观察到皮肤创面在微量生长因子作用下由“老”变“嫩”的现象，通过组织切片可见创面干细胞聚集成为小岛的现象，并且初步证明细胞生长因子是可以诱导表皮细胞逆分化的。这一重要发现在临床治疗上有重要意义。

付小兵教授的这篇题为《表皮细胞逆分化转变为表皮干细胞的临床研究》的学术论文在国际著名杂志《柳叶刀》上发表后，引起国内外强烈反响。论文发表之后不久，法国、美国、以色列等国的十余位专家打来电话，表示愿意与付小兵合作从事此项研究。

## 组织工程皮肤

皮肤是人体的第一道防线，如果皮肤遭遇大面积烧伤和创伤，病原微生物就会长驱直入到达机体内部。皮肤同时具有防止水分丢失和调节体温的生理功能，失去皮肤后人的生命将受到极大威胁。临床医生遇到大面积烧伤和创伤患者，除了维护患者重要的生命体征，还需要及时植皮使伤口愈合。皮肤组织工程技术因此应运而生。

医生设法从患者身上取下一些皮肤样本，分离出表皮细胞和真皮细胞在实验室里进行繁殖。然后把这些细胞放到生物原料做成的骨架上使其生长。从真皮中取出的细胞放到体积较厚和富有弹性的骨架上，从表皮取出的细胞放到体积较薄的骨架上，两种细胞分别在不同材料做成的骨架上繁殖，做成组织工程皮肤。

进行移植手术的时候，医生先把真皮放在创面上，让其与皮下组织整合并继续生长，最后再将含有表皮细胞的薄膜放在真皮之上，利用激光将两块皮片粘合在一起，约一个月左右的时间皮肤才能长好。组织工程皮肤能使创面迅速愈合,是理想的皮肤替代物。

创伤修复有两方面的问题需要关注。

一是创面愈合的速度问题,即怎样在最短时间内使创面迅速封闭以减少并发症。随着科学发展,外科治疗手段不断改进和采用人工皮肤等综合措施在临床的推广应用,这一问题已经基本得到解决。

二是创面愈合的质量问题,即怎样使受创组织从形态到功能上都恢复到正常皮肤状态。绝大部分创面属于瘢痕愈合,不能分泌汗液,难以达到正常皮肤的状态。人工皮肤也是如此,仅仅起到覆盖创面的作用而已,患者后期的生活质量受到严重影响。

付小兵教授在国家科学基金的资助下,对瘢痕形成的机理进行了一系列研究。他发现瘢痕形成是由于创面微环境紊乱、炎症细胞刺激使成纤维细胞分泌亢进,导致皮肤过度纤维化造成的后果。

基于上述机理,他提出改善局部微环境,减轻过度修复的观点,建立了治疗中保留脂肪组织以提高愈合质量的办法。通过对 1175 例患者的临床应用,证明这一技术不仅使创口愈合时间缩短,而且瘢痕形成减少,创面愈合质量较之传统治疗方法有了长足的进步。

不久前,付小兵的研究团队又有新突破。

他们把来源于骨髓的间充质干细胞和汗腺细胞共培养,电镜下发现两种细胞发生融合,在创面上生成能够排泄汗液的皮肤。经 6 例烧伤患者临床试验表明,在无汗液分泌的瘢痕处植入这种新细胞两个月后,该部位呈现出汗功能,分泌的汗液与正常组织的汗液完全相同。

试验结果突破了国际上汗腺难以再生的瓶颈，为严重烧创伤患者的后期恢复提供了更完善的治疗方案。

## 修复创伤的新武器

★大疱性表皮松解症是一种罕见的皮肤遗传性疾病，表现为皮肤特别脆弱，日常轻微摩擦就会导致反复发生水疱。现已清楚引起该病的原因是基因突变造成皮肤蛋白质结构异常，使表皮和真皮不能连接。患者常因皮肤长期糜烂最终发展为皮肤癌。

Wavilio 等人通过逆转录病毒把外源基因导入表皮干细胞，在体外培养后移植到患有这种疾病的患者皮肤处。在随后一年中发现移植部位的皮肤生长良好，没有出现水疱、感染及免疫异常反应，并检测到新生表皮是由转基因干细胞发育而来。这是表皮干细胞首次用于皮肤遗传病的尝试。

★美国宾夕法尼亚大学的研究人员证实了毛囊中可能存在干细胞。他们把毛囊中的干细胞分离出来，发育成毛囊细胞，然后把这些细胞植入小鼠皮肤，小鼠再生出新的毛囊和毛发。

台湾大学学者林颂然做了一个实验，他将大鼠身上取下的毛囊细胞“种”到生物反应器上，在二十天时间里，十颗毛囊长出8百万到1千万个真皮乳头细胞。把这些细胞植入裸鼠表皮，光滑的裸鼠表皮上顺利地长出了毛发。随后他把人的毛囊细胞植入裸鼠表皮，也长出了毛发。

科学家分析了54名40～65岁男子的头发和头皮细胞，结果发现，无论是脱发还是没有脱发的头皮细胞中，毛囊干细胞的数量都是相同的。不同的是,脱发头皮细胞中毛囊干细胞发生了缺陷因而不能被激活,这是脱发者无法长出头发的真正原因。这一发现为有效治疗秃发提供了有价值的线索。

★意大利科技人员在失明患者的眼白和角膜的交界处提取出表皮干细胞,通过体外培养后得到可供移植的表皮薄膜,覆盖在患者受伤的眼睛上,使很多失明患者的视力得以恢复。

将这项技术用于112名被化学灼伤导致失明的患者,结果超过四分之三的患者恢复了视力,还有13%的患者视力获得部分改善,仅有10%无效。科学家认为视力恢复得好与不好与受伤程度有关。轻度受伤患者,只需两个月就能恢复。但角膜深度受损时,患者需要二次移植,大约一年时间才能恢复视力。

新加坡眼科研究所用眼结膜干细胞在实验室培养出眼结膜,用这种新结膜为25名眼疾患者进行了结膜移植手术,效果令人满意。手术过程是这样的:术前,医生从患者眼球上方切下一片面积约2平方毫米的表皮,这层表皮中含有结膜干细胞,将它放进培养箱中培养。约二周后,这块表皮长到8平方毫米大小,再把它移植到已切除掉的病变结膜上。他们运用的这项技术来自于美国宾夕法尼亚大学。

曾经有一位8岁的中国小姑娘,她的右眼患角膜溃疡需要进行角膜移植。在找不到供体的情况下,医生原本打算从小姑娘健康的左眼抽取干细胞制备组织工程角膜来治疗患眼。可是万一手术失败怎么办?小姑娘将面临完全失明。谁也不忍心让她承受这么大的风险。

由于角膜细胞与表皮细胞一样都来源于上皮细胞,我国第四军医大学的专家们从小姑娘的皮肤上获得了表皮干细胞,以此为种子细胞,利用特殊的生物材料为她制作了一个人造角膜。

小姑娘终于拥有了一双明亮的眼睛。

据报道，我国每年等待角膜移植的患者约 300 万，但是可供移植的角膜却少得可怜。组织工程角膜研制成功后，将为千百万盲人送去光明。

表皮干细胞研究尚处于初级阶段，目前还未找到这类细胞的特殊标志物以供分离鉴别之用。随着研究深入开展，我们相信表皮干细胞的潜力一定会充分挖掘出来，为人类健康服务。

### 长在鼠背上的人耳

1997 年，一只长在小鼠背上的人耳作为重大新闻轰动了全世界。

创造这个奇迹的是我国科学家曹谊林教授。他把从牛身上提取的软骨细胞放到培养皿中培养，等细胞繁殖至足够多的时候，再移到可降解生物材料做成的耳朵支架上，软骨细胞在支架上不断生长繁殖，一只奇异逼真的“活”耳做成了。

接下来，再把这只人造耳“种”到小白鼠身上。曹教授小心翼翼地切开一只无毛小鼠背上的皮肤，把人造耳移植上去，几天后，耳朵不仅存活了，还长得很不错。人造耳从老鼠体内吸取营养，一天天在长大。

由于软骨细胞是附着在人耳形状的支架上长成的，因此最后会长成人耳的模样。而支架是用生物可降解材料做的，会渐渐溶化掉。大约 6 个星期以后，支架消失了，而这只神奇的人耳便牢牢地长在小白鼠背上了。

虽然这只鼠背上的人耳只有组织骨架，没有神经也没有血管分布，但对于外伤或者疾病失去耳朵的人来说，能够拥有这样一只耳朵还是很幸运的。除此之外，到哪儿能找到与耳朵形状相似的软骨用来移植呢？用捐赠者捐献的耳朵吧，会有免疫排斥反应之忧，用其他代用品又存在易感染和脱落的缺点。试想一下，在公共场所佩戴的假耳突然掉落，是多么令人尴尬啊！

当然，鼠背上人耳的作用还远远不仅如此，更重要的意义在于，它开创了用细胞复制人体器官的先河。说它是组织工程学发展史上的标志性成就一点也不过份。有趣的是，受鼠背上人耳的启发，我国军事医学科学院的研究者们让鼠背上长出了一个狗膀胱，其形态与构造和真正的狗膀胱无异。

关节软骨缺损是临床常见的疑难病症之一，其中以膝关节半月板损伤最多见。由于软骨组织没有血液供应，所以损伤后很难自行修复。

半月板损伤不仅在运动员中多发，老年人走路稍不慎也容易发生。半月板拉伤后不仅活动受限，而且疼痛难忍。美国每年有 80 万患者为了减轻疼痛无奈接受半月板切除手术，他们在随后漫长的岁月里忍受着行走不便的困扰。

科学家在实验室里用干细胞帮助山羊的半月板再生成功。那么，能否用干细胞帮助人类修复坏损的半月板组织呢？

当然可以！目前科学家们已经成功制作出组织工程软骨。

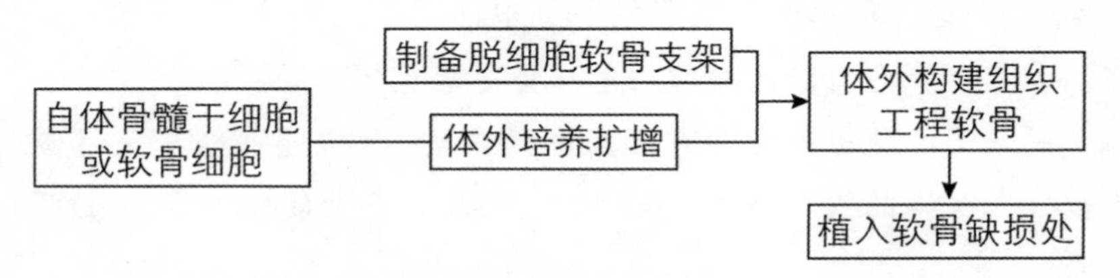


台湾大学医院的研究者把造血干细胞种在像丝线一样细密的纳米材料上，根据患者半月板形状制成组织工程软骨，然后再

将软骨植入膝关节中。从 9 例患者术后的表现来看，此项研究的结果令人满意。

英国医生的办法与台湾大学医院略有不同。他们把患者半月板处的软骨取一些出来，放到添加了许多生长因子的培养皿内生长，最后长成一片完整的半月板形状的软骨。再将此软骨片放回到患者膝关节处，使患者膝关节的功能得到改善。

我国四川大学华西医院的医生们用组织工程软骨，为一例胸壁巨大纤维瘤切除患者进行了肋骨修复，获得成功。他们用患者自己的骨髓基质干细胞，在体外条件下诱导分化为成骨细胞，再将此细胞与生物材料混合物植入患者肋骨缺损处。术后一年，用 CT 仪扫描可见，缺损的肋骨愈合良好。术后五年，植入的组织工程软骨与健侧正常软骨没有显著差异。

### 修补颅骨缺损

2003 年的一个炎热的夏天，上海第九人民医院来了一位老大爷，他是从新疆慕名前来请曹谊林曹大夫为他孙子看病的。

原来，老大爷的孙子曾经遭遇一场车祸，造成颅骨粉碎性骨折，虽然抢救及时保住了性命，但孩子的头部却留下了巴掌大一块缺损，透过薄薄的皮肤隐约可见里面的脑组织，此处若遭受哪怕一点点外力打击或碰撞后果都将不堪设想。

孩子的父母曾带他到多家医院求诊，希望能够修复头部缺损。但医生的答复都是一样的："等孩子长大成年后再来做手术吧。"

传统修补颅骨缺损的方法有两种。一种是自体骨移植，就是把患者的肋骨截一段下来放到创面上。可是孩子还小，肋骨尚未完全发育成熟,怎么能做截骨手术呢!

另一种方法是采用人工材料进行修补,如钛合金等。但人工材料与人体组织相容性不好,容易发生排异反应。尤其是孩子的头部在不断发育长大,而人工材料是固定不变的。人的颅骨一般要到18岁以后才完成发育,现在孩子才7岁,不可能几年就到医院做一次更换颅骨片手术。医生们说要等孩子长大后才能手术就是这个道理。

转眼间小男孩到了上学的年龄,可是他不能上体育课。半年前只是和一个小朋友无意中撞了一下,便立即昏迷过去,撞成了轻微脑震荡。家长整天提心吊胆,生怕再有意外发生。

当他们从报纸上看到曹教授既可以在鼠背上做人耳,又会修补颅骨,高兴地夜不能寐,立即带着孩子从千里之外赶来上海求医。

曹教授满足了患者的要求,精心完成了这台高质量的颅骨修复手术。曹教授的手术是分以下几步完成的。

第一步,提取和分离小男孩的骨髓基质干细胞,在特定条件下,这些干细胞经过二十多天培养后,成长为手术需要的成骨细胞。

第二步,把患者的颅骨形态数据输入电脑,经专门软件处理以后,得到一份与患者本人完全相同的颅骨图形,以它为样本,制作一份颅骨生物支架。

第三步,将培养好的成骨细胞接种到生物支架上,成骨细胞顺着支架的形状不断生长,直到长成和患者缺损颅骨一丝不差的新骨。

第四步,通过手术将颅骨片贴合在缺损部位。随着时间推移,生物支架逐渐降解,最后被机体吸收而消失。而植入的组织工程骨片与患者的颅骨浑然成一体，并且随着孩子一起成长。

类似这样的修补颅骨缺损手术，曹教授他们已经完成了几十例。在上海第九人民医院，现在还有上百例患者排着队等候手术。不仅颅骨缺损，下颌骨和四肢骨缺损都可以用这种方法进行修复。

骨缺损是临床常见多发病，但对其有效治疗仍然是一大难题。国外科学家在实验室里，将干细胞诱导成组织工程骨接种于试验动物体内，提示该办法具有修复缺损骨段的实用性。

59 岁的宋先生，因左小腿粉碎性骨折经历了 5 次大手术，还切除了自己身上的髂骨进行骨移植，但是小腿仍然留下 6 厘米长的骨缺损。上海第九人民医院的骨科专家将自体干细胞和可降解生物材料的复合物置入患者骨缺损处，使细胞在体内环境中慢慢生长成骨。这项技术快速简便，避免了体外培养组织工程骨周期长，易污染和成本高的不足。宋先生经过治疗后，左小腿逐渐恢复功能，终于可以扔掉拐杖独自行走了。

上海第九人民医院用干细胞结合可降解生物材料，治疗了 70 多例骨缺损患者，成功率超过 90%。

组织工程最大的难题是如何使再造的新器官有血液供应。我国广州南方医院的裴国献教授培植了一根带血管的人造羊骨，成功修复了实验羊的胫骨缺损。经权威鉴定，构建有血液供应的组织工程骨在国际上属于首创。裴国献教授培植成功的这根具有血液循环功能的组织工程骨，是这一领域的重大突破性成果，为临床修复大范围、长段骨缺损提供了治疗思路和技术手段。

## 撼世杰作——订制气管

西班牙一位 30 岁的妇女克劳迪娅·卡斯蒂略不幸患上了肺结核病，凶恶的结核杆菌不仅侵袭了她的肺部，还无情地损坏了与肺相连的气管。患病后她经常感觉呼吸困难，最后连简单的家务事也做不了，不得不住院治疗。

经过详细的身体检查，医生发现她的气管已经溃烂到无法治疗的地步，只有切除了事。然而切除气管会带来严重并发症甚至有死亡危险。为了拯救年轻患者的生命，西班牙医生联合意大利和英国多位专家，决定运用组织工程技术为卡斯蒂略再造一段气管。

一位死于脑出血的 51 岁供者捐献了一段 7 厘米长的气管。

意大利专家首先“上阵”对这段气管进行脱细胞操作。他们用强力化学试剂一遍遍清洗气管，直到气管上的组织细胞完全清除干净，只剩下一具支架。完成这项清除气管细胞的工作用了整整 6 周时间。

英国专家继续完成以下工作。他们负责抽取患者骨髓并分离出其中的干细胞。把干细胞植入到上述气管支架中，然后放到生物反应器里，不久，卡斯蒂略的细胞在气管支架上生长良好。人造组织工程气管制作成功了。

下面轮到西班牙医生为卡斯蒂略移植新气管了。医生们首先切掉患者已经千疮百孔的坏气管，然后植入那段人造气管。手术台上的医生们表面看起来很镇定，内心却忐忑不安。因为类似的手术他们只在动物身上做过，在人身上还是第一次。

术后两个月，卡斯蒂略所有的检查指标都显示肺功能处于最佳水平。现在她已完全恢复健康，一口气爬二层楼梯也不气喘。

正是三个国家的科学家鼎力协作，才令这台气管移植手术进行得如此完美。科学家们各有各的绝活，他们各施所长，合奏了一曲美妙绝伦的治病救人“交响乐”。

卡斯蒂略人造气管的材料来自他人捐献，科学家用“偷梁换柱”的手法把别人的器官换上她的细胞，骗过人体“警察”的监查，使新器官与她的身体融为一体。

最近，科学家又改换套路了，他们不再用异体器官作供体，而用纳米复合材料制作了一根组织工程气管，并成功地移植到患者的体内。

接受移植的是一位非洲学生，今年 36 岁。他患气管癌，尽管进行了积极的放疗和化疗，仍然不能阻挡癌细胞的进攻步伐，气管内的肿瘤不断长大，已长到网球大小，呼吸道几乎被完全堵死，如果不能及时移植气管，他随时会被憋死。

手术在瑞典的卡罗林斯卡大学医院进行，主持手术的保罗·马奇阿瑞尼教授根据患者气管的三维扫描图像，用一种特殊的纳米材料，做了一根 Y 型气管支架。

这具支架被浸到从患者体内取得的干细胞溶液里，两天后，干细胞便布满了这个多孔材料的每一个细小的空隙内。又过了几天，医生将这根 Y 型气管支架移植到患者体内。

一个月后，患者出院了，他的新气管和正常气管没什么两样，与周围组织融合良好。患者终于摆脱了病痛的折磨而重获新生。

## 再造膀胱

在美国波士顿儿童医院里住着一些患先天性脊柱裂病的小患者，这些孩子由于膀胱功能异常排尿不能控制，尿液时刻不断地从尿道滴出。孩子们不得不每天使用尿布或护垫，不仅给生活带来不便，也影响患者的心理健康。比较同龄儿童，他们往往显得自卑与不合群。更为严重的是，由于病变的膀胱不能正常储存尿液，尿液会回流到肾脏，使肾脏逐渐发生坏死。

医生准备为小患者施行传统的膀胱修复术。即利用自身肠道黏膜来修复膀胱。但手术会破坏肠段引发新的后遗症。最理想的治疗莫过于运用组织工程技术再制造一个膀胱。

为了实现用新技术再造膀胱的宏愿，科学家们首先在动物体内做实验。他们选择猎犬作为实验对象，用高分子聚合材料塑造了一个猎犬的膀胱模子，膀胱外层取出的细胞加在模子的表面，膀胱内层取出的细胞种在模子的内面。因为膀胱是由几个不同胚层的组织复合而成的，每一层组织中的细胞结构都不一样，因此膀胱需要一层又一层地分头制作。

7 天后，通过外科手术，人造膀胱分别移植到 6 只小猎犬体内。3 个月后，新膀胱开始使用小猎犬的血流供应，和正常膀胱一样容纳尿液，甚至还接受机体的神经支配。而那个用高分子聚合材料做成的膀胱模子，在完成自己的使命后，已经消失得无影无踪了。

小猎犬的人造膀胱制造成功，极大地鼓舞了科学家们构建组织工程膀胱的信心。接下来他们为 7 名先天性脊柱裂的儿童进行了膀胱再造术，经过数年的追踪观察，这些患者的排尿控制能力增强了，虽然人造膀胱不能完全等同于天然膀胱，患者仍需要定时使用一根导管来清空膀胱中的尿液，但比起他们自身受损的膀胱要好很多，起码避免了随时出现尿漏的难堪。

主持这项研究的负责人安东尼·阿塔拉把培育膀胱的过程形象地比喻为如同烘焙一个夹心蛋糕：在生物材料做成的框架上，内层植入从患者组织中提取的尿道上皮细胞；中间是起支撑作用的蛋白组织；外层植入富有弹性的平滑肌细胞。各种细胞在框架的不同层面生长繁殖，7～8 周后，一只仿真膀胱诞生了。

通过手术把新膀胱缝合到患者原有的旧膀胱之上，新老膀胱发生重组，原先功能丧失的那部分因此得以修复。由于所有的细胞都来自患者自身，因此机体也不会“为难”这个横空出世的异物。新膀胱很快融入到机体环境中并投入工作。

人造膀胱的成功意味着，患者无需再眼巴巴地等待别人捐器官来救自己。组织工程技术可以为我们量身订做健康的组织器官，取代不能正常运转的身体组织器官，就像更换一个坏掉的汽车零件那样容易。美国生物学家曾放言：用不了五十年，人类将能够培育出人体的所有器官，放在医院的“货架”上随时取用。我们相信这个预言终将变为现实。

## 牙髓干细胞

牙齿的中心有一个髓腔，内含神经、血管、淋巴和结缔组织，

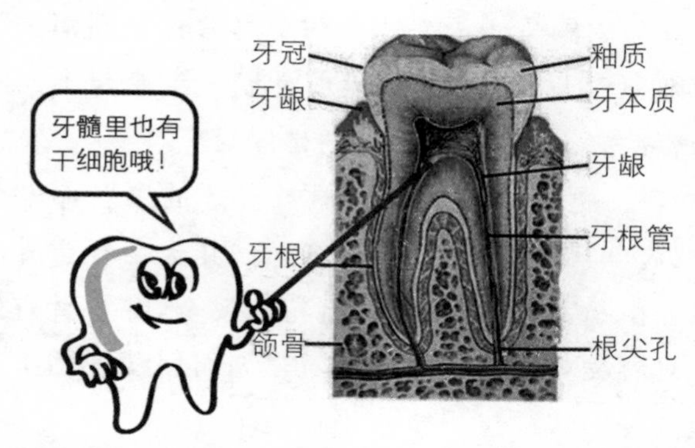


为牙齿生长提供氧气和营养，这个髓腔称为牙髓。众所周知，老鼠喜欢咬东西磨牙是它的切牙太长了，可以终身不间断增长。导致这一现象的原因是小鼠牙髓内存在能分化为牙本质的祖细胞。

2000年，Cronthos首次证明了牙髓干细胞的存在。他借鉴骨髓干细胞的研究方法，把成人牙髓中获取的干细胞与骨髓干细胞进行比较，结果发现两种细胞有相似的免疫表型，因此断定牙髓中那些形如纺锤的集落状细胞就是牙髓干细胞。牙髓干细胞不仅可以分化为牙本质细胞，还可以分化为其他类型的功能细胞。其克隆和增生能力甚至比骨髓干细胞还强。

将牙髓干细胞植入到免疫缺陷裸鼠的背部，6周后，背部皮下可检测到新生的牙齿结构。如果把牙髓干细胞诱导为成骨细胞植入小鼠背部，4周后可以形成软骨或板状骨。美国埃默里大学的科研小组把恒河猴的牙髓干细胞注射到小鼠大脑的海马区，结果干细胞在脑内生存了10天以上，还形成了几种类型的神经细胞。

有学者在大鼠的颅骨顶部制造了一块骨缺损，然后将人的牙髓干细胞移植到该缺损区。一个月后发现新生骨生长良好，骨质致密并与周围骨融为一体。两个月后骨缺损消失了。经鉴定新生骨细胞含人类的DNA,表明牙髓干细胞与不同物种的组织细胞相容性好,没有引起常见的排斥反应。

2012年,一位日本科学家从常规拔牙的患者那里获得了牙髓干细胞,放到含硫化氢的容器内孵育,几天后竟意外收获了肝细胞。在显微镜下,肝细胞的典型特征俱全,并且具有储存糖原的功能。有着臭鸡蛋气味的硫化氢是如何促使牙髓干细胞转化为肝细胞的呢?这一过程至今仍然是个谜。

牙髓干细胞通常从健康人的第三磨牙中提取。最近有科学家从脱落的乳牙中分离到了干细胞,并进一步分化为神经细胞、脂肪细胞和牙本质细胞。日本一个研究小组从3名少年被拔掉的智齿中提取到牙髓干细胞,并将其成功培育成iPS细胞。这些诱导多潜能干细胞进一步分化为肠细胞、心肌细胞等,比皮肤细胞的分化效率提高了100倍。乳牙和智齿本属于丢弃的废物,如今成为干细胞的又一理想来源。

如果建立一座牙髓干细胞“银行”,预先把自己的牙髓干细胞保存起来,一旦患病就能派上大用场。万一遭遇牙髓感染或牙齿缺失都不用愁。无需拔牙或镶假牙,牙髓干细胞有可能取代现有的牙病治疗方式,让患者长出天然健康的新牙。更重要的是,牙髓干细胞的多向分化能力给人们以无限遐想。

几年前,巴西科学家从一名男性捐赠者的牙齿内提取牙髓干细胞,把它注射到雄性小鼠的睾丸里。然后在不同时间将小鼠处死,检查人体干细胞是否会在小鼠的睾丸中生存。结果让人大跌眼镜,这些干细胞不仅活着,而且成功地发育为活跃的人类精子细胞。

这些精子细胞看上去形态正常,完全有能力使卵子受精。

也就是说一个患不育症的男子想要生儿育女，只要捐献自己一颗牙齿，并且同意让小鼠帮他代理生产精子的话，就可以得到有血缘关系的后代。当然，很难说，在小鼠睾丸里发育的人类精子是否混有小鼠的基因。

与其他成体干细胞相比，牙髓干细胞存在着数量少、易老化、体外扩增难度大、培养周期长等缺点。提示牙髓干细胞真正用于临床还有很长的路要走。

## 干细胞抗衰老

长生不老一直是人类追求的理想目标，但是无论用什么办法，生老病死仍然无情地降临到每个人身上。随着年龄增长，体内组织器官会发生退行性变化，表现为机体活动能力下降、环境适应能力降低、体内代谢平衡失调等一系列衰老现象。衰老成为不可抗拒的自然规律，任何人都不能幸免。

有关衰老发生的机制有很多说法，其中细胞学说是近年兴起的新学说。细胞学说认为，人体衰老首先是因为细胞形态结构发生改变，然后引起机体生理功能逐渐衰退。衰老细胞通常会出现水分减少、脂褐素累积、酶活性降低和代谢速度变慢等一系列变化。

众所周知，细胞是有寿命的，它与生物的寿命存在正相关。世上平均寿命最长的生物要数龟了，可达 175 岁。龟细胞的体外传代数也最多，达到 90～125 次。小鼠平均寿命只有 3.5 年，细胞传代数也少，仅 14～28 次。人类胎儿细胞体外可以传代 60～70 次。细胞衰老除了受遗传控制，还受环境因素等外因影响。如果体内干细胞资源发生枯竭，新生细胞的数量少于死亡细胞的数量，机体衰老就不可避免发生了。

大自然中存在很多长生不老的细胞。比如变形虫，在适宜的条件下，依靠虫体自身的分裂繁殖可以世代延绵。再比如三肠类动物如水母、海鞘等在长时间饥饿后，可以发生实质性返老还童现象。还有研究表明癌细胞是一种不死的细胞，体外传代培养永无休止。根据细胞可以长期生存的这一生物学现象，说明衰老只是一种规律而不是定律，只是人们现在还没有找到破解这个规律的方法而已。

我们人体是由大约 1800 万亿个细胞组成的“细胞社会”，每天有 1%～2%的细胞死亡，也有 1%～2%的细胞新生，干细胞就是孕育产生新细胞的母亲。人体发育到青春期以后，干细胞的数量不断减少，甚至在某些组织器官中完全消失，新细胞变少了，而生病或衰老的细胞变多了，机体就衰老了。既然衰老的原因是干细胞数量减少或活性降低，那么，设法恢复干细胞的质和量不就能延缓衰老吗？

干细胞疗法是一种全身性系统性治疗方法。用干细胞治疗肝硬化时，医生们发现，在肝病得到改善的同时，患者的白发和皱纹都减少了。说明提高细胞活力不仅使组织器官获得整体改观，也会使容颜变得年轻美丽，使原本松弛下坠的皮肤变得紧致和富有弹性，色斑减少，白发变黑。

干细胞移植所达到的美发美肤效果与各种化妆品和护肤品的美容作用在原理上有根本的不同。化妆品只能掩盖皮肤表面的瑕疵，并不能从本质上改变皮肤状态。而干细胞可以打造年轻肌肤，实现由内到外的青春再现。

老年人性功能衰退时往往伴有更年期综合征、前列腺肥大等，出现一系列不适症状，影响日常生活质量。通过补充干细胞或提高干细胞活性，可以改善细胞新陈代谢能力，使性功能得到提升。它与使用激素或伟哥类药物是有本质区别的。尤其是来源于自身骨髓和脂肪的干细胞，取材容易，操作方便，也足够安全。因而具有无比广阔的应用前景。如果能把年轻时的自体干细胞冷冻储存起来，等老了以后再取出来使用就更完美了。届时，返老还童就不再是一个远不可及的奢望了。

### 干细胞美容骗术

从 2003 年起，我国广州和深圳等地的美容市场出现了几十个打着干细胞招牌的服务项目，据称只要在面部注射干细胞针，就能立即瘦脸、消眼袋、去疤痕和痘印，使皮肤恢复年轻时的鲜活圆润，而且保证 100%有效。在这些美容机构神乎其神的吹嘘声中，许多消费者信以为真，不惜花费重金到整形医院和美容院打针，每毫升干细胞针成本约 2～3 千元，而注射给消费者每次收费达上万元。

据了解，这些所谓的干细胞针剂，来源于流产胎儿提取物，这些没有经过分化和纯化的提取物，直接注入人体是极其轻率的，不仅很容易发生癌变和排异反应，而且注射剂的生产过程缺乏监控程序，药液常常被致病微生物污染，造成严重的人身伤害后果。

媒体曾接到多起注射后出现不良反应的投诉，予以曝光后，干细胞美容的诸多隐患终于浮出水面，商家无法继续行骗，一场干细胞美容闹剧终于悻悻收场。

其实，干细胞美容的说法并不虚幻，我们完全有理由相信，这项技术在不久的将来会走进我们的生活。但是目前它的相关研究更多的是在实验室里，尚无真正的干细胞美容产品推向市场。因此，将干细胞用于整形美容纯粹是商家在炒作概念，它们是打着高科技幌子谋取不义之财。

## 干细胞研究存在的问题

干细胞研究正显示出无穷的生命力，是最具发展潜力的高科技领域。拥有干细胞技术就像拥有原子弹一样，是一个国家，一个民族科技实力的象征。信息技术曾经造就了比尔·盖茨的辉煌，21 世纪超过他的富豪将来自生物技术。干细胞是生物技术领域中最活跃的生力军，它不仅为人类健康带来新的希望，挽救众多不治之症患者的生命，也是最具投资价值的新兴产业。

正因为干细胞技术无比宝贵，各国政府尤其是发达国家不惜在这一领域投入大量人力、物力和财力，力求占有先机。如果我国不尽快抓住机遇抢占科技制高点，如果干细胞的关键技术被国外公司垄断，我国老百姓将为今后使用这项技术支付高昂的费用。

令人欣慰的是，干细胞的关键技术只是在近几年才有所突破，我国的干细胞研究实力处于和西方国家比较接近的起跑线上，目前世界上只有中国、日本、美国和欧盟国家开展了干细胞药物研究。我国赵春华领衔研制的干细胞药物“骨髓原始间充质干细胞”已进入临床试验，与美国基本同步。国内其他的干细胞药物也正在陆续申报之中。

应该清醒地看到，我国在干细胞研究的资金和人才投入上与美国等发达国家是有差距的。美国一家生物公司为制造组织工程心脏这一个项目，一次就投入10亿美元重金。美国一个重点大学从事干细胞研究的人员数量可能和我们一个国家在干细胞研究岗位工作的教授、副教授差不多。但是中国干细胞研究与国际顶尖水平却差距不大，某些方面还处于领先地位，这是非常不容易的。

值得欣慰的是我国对于干细胞研究越来越重视。我国连续多年把干细胞研究列入“863”“973”和国家自然科学基金重点项目，投入大量资金支持干细胞研究。还依托高校和科研机构，建立国家级干细胞研究中心和产业化基地。2006年，国务院颁布了《国家中长期科学和技术发展规划纲要》，在我国未来15年科技发展的战略部署中，干细胞研究作为生物领域的五大前沿技术之一写进了纲要。政府为干细胞研究提供了开放和宽松的环境，使科技人员可以心无旁骛地开展学术研究。而西方国家的研究者一直受伦理、宗教等因素干扰，一定程度上限制了干细胞研究的进展。

中国卫生部将干细胞研究归于临床第三类技术进行管理，比起美国将干细胞等同于新药研制程序相比较，周期要短得多。干细胞技术在实验室完成后，经过临床三期试验后很快就能够应用于临床。中国在干细胞基础研究上不如西方国家，但是在临床案例和数据资料的积累上却占据更多优势。

曾有专家对中国干细胞治疗的安全性表示担忧，但是事实证明，几年过去了，并未发现大规模的不良反应报道。况且任何医疗技术都是存在风险的，如果因惧怕风险而停滞不前，将坐失发展良机。20 世纪我国在 IT 技术领域没能占领先机，如今在干细胞研究领域我们大有希望迎头赶上。

我国干细胞研究尚存在如下需要改进的问题。

(1)加强立法和管理。我国目前存在某些开展干细胞治疗的医院和医务人员素质参差不齐、条件不完备、操作不规范、缺乏资质认定和疗效评价标准不统一等问题。由于干细胞是活细胞制品，其生产、质量管理、运输储存和发放使用与传统药品不同，与一般生物制品也有明显差异。为了保证干细胞产品质量，必须建立完善的制度。没有严格的法律法规制约，干细胞治疗的安全性和有效性将无法得到保证。

(2)严格掌握干细胞治疗适应证。干细胞治疗主要适用于传统治疗方式无效的疑难重症患者而非所有的患者。当干细胞治疗风险大于疾病本身风险时是不宜采用的。在治疗原则和经济效益之间，医院和医生们理应做出正确选择，不宜滥用。只有建立科学、客观的疗效判断标准，才能使干细胞治疗沿着健康方向发展。

# 参考文献

[1]章静波,宗书东,马文丽.干细胞[M].北京:中国协和医科大学出版社,2003.

[2]王冬梅,裴雪涛.干细胞与基因治疗[M].北京:科学出版社,2003.

[3]陈运贤.现代造血干细胞移植[M].广州:广东科学与技术出版社,2004.

[4]潘兴华,张步振,庞荣清.干细胞——人类疾病治疗的新希望[M].昆明:云南科学与技术出版社,2004.

[5]胡火珍.干细胞生物学[M].成都:四川大学出版社,2005.

[6]李继承.医学细胞生物学[M].杭州:浙江大学出版社,2005.

[7]〔美〕马沙克 D R,〔英〕甘德 L L,〔美〕戈特利布 D.干细胞生物学[M].刘景生,张均田,译.北京:化学工业出版社,2005.

[8]朱晓峰.神经干细胞基础及应用[M].北京:科学出版社,2006.

[9]〔英〕弗雷谢尼 R I,〔英〕斯泰赛 G N,〔美〕奥尔贝奇 J M.人干细胞培养[M].章静波,陈实平,译.北京:科学出版社,2009.

[10]王亚平.干细胞衰老与疾病[M].北京:科学出版社,2009.